农业生产科技丛书

浙江省科普作家协会农业专业委员会　组编

蔬菜种子与采种新技术

叶自新　张　雅　主编

杭州出版社
HANGZHOU PUBLISHING HOUSE

《农业生产科技丛书》编撰委员会

《蔬菜种子与采种新技术》编委会

序

农产品含有丰富的维生素、矿物质、碳水化合物、蛋白质、脂肪、有机酸及芳香物质，是维持人体健康的主要食品。

农业生产在我国历史悠久，种质资源多，栽培经验丰富，尤其在长江流域及珠江流域一带，传统生产技术及农产品质量颇有盛名。

农业生产品种繁多，对生育特性及生长环境要求不一，栽培形式多种多样，茬次复杂，栽培技术环节紧扣，这就要求农业生产者有一定的栽培技术水平，农业生产才能达到高产、优质，确保丰收，获得经济效益。

随着社会经济与科学技术的发展，农业生产技术日新月异，新品种的育成和引进，农产品开发、加工储运方法都有较大进展，广大种植户迫切要求了解农业新技术、学习农业新知识。同时随着人民生活水平的提高和城乡一体化发展，广大城镇市民对农业科学知识有一定的认识，如对农产品的营养功能、药用价值、食品选购及食用安全、健康等问题更加重视，不仅要求供应量充足，而且对供应季节、花色品种、产品质量等都提出了越来越高的要求。不仅如此，还有成千上万的家庭在庭园、阳台、露台种植小水果及各种蔬菜花卉，也很需要各种农业科普图书。

为了满足广大农业科学技术人员、农村种植大户、专业合作社、农场主及城镇市民对农业科技的需求，浙江省科普作家协会农业专业委员会组织农业生产第一线的农业科技人员，会同大专院校、科研院所的科普作家、专家教授叶自新、高智慧、肖建成、郑赛生、叶培根、章建林、陈毓蔡、张左生、熊义勤、张雅、张尚法、施正侃等50多位作者，组编一套《农业生产科技丛书》，前已由杭州出版社编辑、出版了《板栗栽培新技术》、《果桃栽培新技术》、《菜用大豆栽培新技术》、《蔬菜种植新技术》、《梨栽培新技术》、《葡萄栽培新技术》、《茄果类蔬菜栽培新技术》、《甘蓝类蔬菜栽培新技术》、《水生蔬菜栽培新技术》及《竹笋栽培新技术》等10本农业科普图书，现将由杭州出版社继续出版发行《蔬菜种子与采种新技术》、《绿叶蔬菜栽培新技术》、《加工蔬菜生产新技术》、《高山蔬菜栽培技术》、《蔬菜设施栽培新技术》、《蔬菜无土栽培新技术》、《新型肥料施用技术》及《村庄绿化树种选择应用技术》等8本，希望得到读者的青睐。

这套丛书具有三个特点：一是实用性，理论联系实际，文字通俗易懂，可操作性强；二是先进性，既有传统精耕细作的特点，又有先进科技的特色；三是区域性，适于长江流域及珠江流域农业生产上应用。

编写这套丛书的作者长期从事教学、科学研究和专业技术工作，积累了许多宝贵的经验和资料，在生产实践中不断调查总结，得到了广大农业科技工作者和种植农户的大力支持和帮助。同时，在编写过程中，还参考了相关科技文献和专业图书资料，在此一并表示衷心感谢。

书中难免有错漏之处，恳请广大读者指正。

浙江省科普作家协会省杰出贡献科普作家　叶自新

2016 年 10 月

目　录

前　言 ……………………………………………………………（1）

一、蔬菜种子生产的意义 ……………………………………… （1）

　（一）蔬菜种子的概念 ……………………………………… （1）

　（二）蔬菜种子生产的任务 ………………………………… （3）

　（三）蔬菜种子生产的发展 ………………………………… （4）

二、蔬菜生长发育与种子的形成 ……………………………… （8）

　（一）蔬菜的生长发育 ……………………………………… （8）

　（二）蔬菜种子的形成 ……………………………………… （11）

　（三）蔬菜种子的成熟 ……………………………………… （15）

　（四）蔬菜种子的休眠 ……………………………………… （16）

三、蔬菜采种体系与采种方法 ………………………………… （18）

　（一）蔬菜育种体系及品种类型 …………………………… （18）

　（二）蔬菜种子生产体系 …………………………………… （20）

　（三）蔬菜采种的方法 ……………………………………… （22）

　（四）蔬菜采种的防杂提纯 ………………………………… （29）

四、蔬菜采种栽培管理技术 …………………………………… （35）

　（一）选择播种期与及时早栽种株 ………………………… （35）

　（二）注意轮作与选择土壤 ………………………………… （36）

（三）合理施肥与浇水 ……………………………………（36）

（四）合理密植与种株管理 …………………………（37）

（五）选择种株与分次采种 …………………………（38）

（六）田间管理与防治病虫 …………………………（39）

（七）辅助授粉 ……………………………………………（39）

五、蔬菜种子的采收与贮藏………………………………（40）

（一）蔬菜种子的采收 ……………………………………（40）

（二）蔬菜种子的脱粒与清选 ……………………（42）

（三）蔬菜种子的干燥 ……………………………………（43）

（四）蔬菜种子的贮藏与寿命 ……………………（44）

六、根菜类蔬菜采种技术…………………………………（47）

（一）萝卜采种技术 ………………………………………（47）

（二）胡萝卜采种技术 ……………………………………（52）

七、白菜类蔬菜采种技术…………………………………（56）

（一）结球白菜采种技术 …………………………………（56）

（二）普通白菜采种技术 …………………………………（62）

八、甘蓝类蔬菜采种技术…………………………………（65）

（一）甘蓝采种技术 ………………………………………（65）

（二）花椰菜采种技术 ……………………………………（70）

九、绿叶蔬菜采种技术……………………………………（75）

（一）莴苣采种技术 ………………………………………（75）

（二）芹菜采种技术 ………………………………………（78）

（三）菠菜采种技术 ………………………………………（80）

十、葱韭类蔬菜采种技术…………………………………（84）

（一）洋葱采种技术 ………………………………………（84）

（二）大葱采种技术 ·· （87）

（三）韭菜采种技术 ·· （89）

十一、茄果类蔬菜采种技术·································· （93）

（一）番茄采种技术 ·· （93）

（二）茄子采种技术 ·· （98）

（三）辣椒采种技术 ·· （102）

十二、瓜类蔬菜采种技术···································· （108）

（一）黄瓜采种技术 ·· （109）

（二）南瓜采种技术 ·· （114）

（三）西瓜采种技术 ·· （119）

十三、豆类蔬菜采种技术···································· （125）

（一）菜豆采种技术 ·· （126）

（二）毛豆采种技术 ·· （129）

（三）豇豆采种技术 ·· （132）

（四）豌豆采种技术 ·· （134）

十四、马铃薯薯种采种技术·································· （136）

（一）生育特性 ·· （136）

（二）马铃薯种薯退化原因与防止途径 ············· （137）

（三）马铃薯脱毒种薯生产技术 ····················· （138）

（四）脱毒马铃薯原种生产技术 ····················· （140）

（五）脱毒马铃薯良种生产技术 ····················· （142）

（六）防止病毒再侵染的技术措施 ··················· （142）

十五、人工种子的培育······································ （144）

（一）人工种子的制作方法 ······························ （144）

（二）胚状体 ·· （145）

（三）包裹技术 ·· （145）

附录···（147）

  附录 1 中华人民共和国种子法（由十二届全国人民代表大会常务
      委员会第十七次会议修订通过）·················（147）

  附录 2 中华人民共和国国家标准农作物种子质量标准······（169）

    （一）瓜菜作物种子瓜类·····························（169）

    （二）瓜菜作物种子白菜类···························（170）

    （三）瓜菜作物种子茄果类···························（170）

    （四）瓜菜作物种子甘蓝类···························（171）

    （五）瓜菜作物种子绿叶菜类·························（171）

  附录 3 蔬菜种子千粒重、寿命及使用年限·············（172）

  附录 4 常见农作物种子送检样品最低重量表···········（174）

  浙江省地方标准瓜菜作物种子·····················（175）

主要参考文献···（176）

前　言

  我国是世界蔬菜起源中心之一，蔬菜品种繁多，资源非常丰富。目前国内栽培的蔬菜有一百多种，普遍栽培的蔬菜也有五六十种，每一种有许多变种，以及成千上万个栽培品种。原产我国的白菜、芹菜、萝卜、大头菜、冬瓜、韭菜、大葱、分葱、藠头、草石蚕、茭白、荸荠、菱、姜及豆薯等，这些种类在世界蔬菜资源宝库中，都占有重要的地位。此外，我国还引进了不少世界各地的蔬菜种类，如甘蓝、洋葱、番茄、马铃薯、花椰菜及四季豆等，更加充实了国内的蔬菜资源。

  我国不仅有众多的蔬菜品种资源，更有丰富的蔬菜精耕细作生产经验，从播种、育苗、施肥、灌溉、间作套种、保护地栽培技术及蔬菜育种与采种等技术。

  在生产上，蔬菜良种就是指蔬菜优良品种的优良种子。蔬菜优良品种具有相对稳定的遗传性，在一定的栽培环境条件下，形态、生物学特性和经济性状保持相对一致性，产量、品质和适应性等方面符合一定地区、一定时期内的生产和消费者的需要。

  蔬菜优良品种对提高蔬菜的产量、改善品质、增强抗逆性与抗病虫害能力，以及调节供应期等有重要作用。选用优良品种是搞好蔬菜生产的重要措施。优良的蔬菜种子，应具备纯度一致、完整饱满、无病虫为害、生活力强等条件。

  在蔬菜生产上，选育与生产蔬菜新品种及优质蔬菜种子，必须应用现代科学理论，包括生理学、遗传学及生物学等，选育优良蔬菜品种，

1

改进蔬菜栽培技术，增加产量与改进品质。同时，在蔬菜制种与采种过程中，要做到每个技术环节，包括播种、田间管理、种子采收、翻晒、贮藏及种子处理等，都符合规定的要求。

一、蔬菜种子生产的意义

"一粒子可以改变世界"，"国以农为本，农以种为先"。种子作为最基本的农业生产资料，是农业科技的先导和载体，是农作物增产的物质基础。农业生产实践表明，农作物产量和质量水平的不断提高，与种子改良推广息息相关，与种子产业发展密不可分。当前种业已经进入一个新的历史发展时期，进一步推动种业的发展，提高种业核心竞争力，对发展现代农业具有重要的意义。

种子生产是育种工作的延续，育种成果在生产中推广转化的重要技术措施，是连接育种与农业生产的桥梁。没有科学的种子生产技术，育种家选育的优良品种难以在生产中发挥作用；没有种子生产，推广的优良品种很快发生混杂退化，失去增产作用。种子生产就是将育种家选育的优良品种，用科学的种子生产技术，保持优良种性，发挥较大的经济效益。

搞好种子生产是提高农业经济效益、增加农民收入、确保国家安全的基础性措施。对种子企业来说，生产和掌握市场需求旺盛、质量优良的种子，有利于降低生产成本，提高竞争力，增加经济效益；对种子使用者来说，有了优良品种的优质种子，意味着增产增收；对农业生产来说，拥有量足、质优的种子，可实现持续稳产、增产和调整品种结构或产业结构的基本条件。

（一）蔬菜种子的概念

在植物学上，种子是指由胚珠发育而成的繁殖器官。而在农业生产上，种子有比较广的含义，凡是用作播种材料的植物组织器官都称为种子，是各种播种材料的总称。《中华人民共和国种子法》指出：本法所称的种子，是指农作物和林木的种植材料或者繁殖材料，包括籽粒、果实和根、茎、苗、芽、叶等。生产上常用的播种材料可分为四类，即种子、果实、营养器官及人工种子。

1. 种子的含义

（1）种子

就是植物学上指的种子，如豆类、十字花科的各种蔬菜、茄果、瓜类等种子。

（2）果实

直接用作播种材料的果实，由子房包括花器的其他部分发育而成。如胡萝卜、芹菜、菠菜等。

（3）营养器官

包括根、茎及变态的无性繁殖器官，如山药的块根、马铃薯的块茎、葱蒜的鳞茎等，在生产上均以营养器官种植，发挥特殊的优越性，即无性繁殖器官不易产生分离，能保持遗传的稳定性。

（4）人工种子

将植物组织离体培养产生的胚状体，包埋在含有养分和具有保护功能的物质中，在适宜的条件下形成能够发芽出苗、长成正常植株的颗粒体，又称合成种子、人造种子或无性种子。人工种子与天然种子非常相似，是适于播种或繁殖的颗粒体。

2. 种子生产的概念

蔬菜新品种，应根据生产需要，不断地繁殖大田生产用种。但采种生产要求生产的种子遗传特性稳定、种子活力高、繁殖系数高。因此，采种生产要求在特定的环境条件、特殊的生产条件，由技术人员参与或指导下进行。根据作物的生物学特性和繁殖方式，按照科学的技术和方法，生产质量高、数量足、成本低的种子。

3．良种的概念

良种是指优良品种的优质种子。优良品种是生产优质种子的前提，优质种子应符合纯、净、壮、健、干的质量要求。符合质量要求的良种才能显著和稳定地提高产量，改善和提高质量，促进蔬菜生产的发展。

（二）蔬菜种子生产的任务

种子生产是一项复杂而严格的系统工程。对于蔬菜种子播种新技术的研究具有重要意义。

一是迅速生产新选育或新引进的优良品种种子，替换原有老品种，进行品种更换。种子生产在保证品种优良种性的前提下，按市场需求生产优质种子，扩大新品种推广面积，使优良品种尽快转化为生产力。

二是对已推广并继续占据市场的品种，有计划地利用原种生产高纯度的生产用种，加速繁殖，防止混杂退化，保持和提高优良种性，延长优良品种的使用年限。

三是研究采种技术。随着农业生产条件的改善和提高，种子生产应开展试验研究，从理论和实践上探索采种新技术、新经验，增加科技含量，提高种子生产效果，降低种子生产成本。

在市场经济十分活跃的大好时机，种子行业面临的任务非常艰巨。既要预测市场的需求量，生产出种类齐全、数量充足、质量上乘的优质种子，还要防止生产过剩或市场营销压库。市场的敏感性和种子生产的滞后性，要求种子生产和营销企业，用现代企业的管理方式进行生产管理。

（三）蔬菜种子生产的发展

我国蔬菜种子生产随着农村经济体制改革和商品经济的发展、农业科学技术水平的提高，种子体系的发展经历了4个重要发展时期。

1. 从户户留种到"四自一辅"阶段（1949~1978年）

建国初期，广大农村使用蔬菜品种和种子，存在多、乱、杂的状况。农业部要求广泛开展群选群育活动，选出的优良品种就地繁殖、就地推广，种子生产处于户户留种的局面，适用于较低生产水平，很难大幅度提高蔬菜产量和品质。

在1958年4月召开第三次全国种子工作会议上，农业部提出"四自一辅"种子生产方针，依靠农业生产合作社自选、自繁、自留、自用，辅之以必要的调剂，逐渐建立各级种子管理站，健全以县良种场为骨干、公社良种场为桥梁、生产队种子田为基础的三级良种繁育推广体系，基本解决了蔬菜用种问题。

"四自一辅"方针符合当时全国农业生产的主体是集体经济，以及农民有选种育种的实际，把国家与集体两者结合起来，但只适应常规品种生产，过分强调自给，种子生产依然处于多单位、多层次、低水平状态，品种多、乱、杂现象难以解决。

2. "四化一供"阶段（1978~1995年）

1978年5月国务院批转了农林部"关于加强种子工作的报告"，批准在全国建立各级种子公司，把国营原种、良种场整顿好，健全良种生产体系，不断完善计划模式下的良种繁育和推广体制，实行行政、技术、经营三位一体的种子生产体制，提出种子生产实行"四化一供"的要求，即种子生产专业化、种子加工机械化、种子质量标准化、品种布局区域化，以县为单位有计划地组织统一供种。从中央到县的各级种子公司相继成立，组织专业化种子队伍，建立种子基地，开始实行种子专业化、社会化、商品化生产，初步形成了由品种区域试验、审定、生产、加工、检验及经营等环节组成的种子工作体系。在这一阶段，有关部门制定了一系列的种子工作法规，国务院于1989年3月颁布了《中华人民共和国种子管理条例》，1989年12月农业部颁布了《全国农作物品种审定委员会章程（试行）》和《全国农作物品种审定办法（试行）》。这一系列法规条例的发布，为种子产业的现代化发展奠定了基础，标志着种子产业化进入起步阶段，杂交育种技术得到飞速发展，先后开展了杂交玉米、杂交水稻、杂交油菜及棉花、蔬菜等作物的品种选育工作，取得了显著成绩，推动农业生产不断发展。

3．种子生产转轨阶段（1995~2000年）

根据农业生产的形势与特点，在1995年9月召开的全国农业种子工作会议上，正式启动了跨世纪的种子工程，并提出了建立适应市场经济体制和产业发展规律的现代化种子产业体系的目标，突显了推动种子产业化进程，先后建立了原种场、农作物种子质量检测中心、农作物品种区域检测站、种子繁殖基地、种子加工中心和农作物品种资源圃及原种保护区等，种子综合生产能力明显增强。

1997年，为了适应市场经济发展和种业管理的需要，农业部要求各级种子公司与管理机构分设，随后种子管理体制改革启动，出现了各种类型的种子公司，以及少数"育繁推"一体化种子企业，开始形成多元化的市场主体和非计划的种子经营市场，以蔬菜种子为代表的非主要农作物种子成为种子市场开放的先导。

1997年3月，国务院发布了《中华人民共和国植物新品种保护条例》，农业部在1999年制定了实施细则。同年我国加入国际植物品种保护联盟（UPOV），在全国开始建立起农作物品种知识产权和保护法律体质。品种知识产权制度的建立，为种业技术市场的形成奠定了法律基础，改变了单一公共财政投资种业研发的状况，开始实现育种的商业化，具有划时代的意义。

由于种子工程的实施和体制改革探索性推进，农作物良种综合生产能力显著增强，良种供应和推广水平大大提高，种子科技含量和商品质量进一步提升。同时，这一阶段的产业发展为种业市场化改革做了许多有益铺垫，为《种子法》实施做了必要准备，农业生产取得了长足发展，良种的作用功不可没。据测算，良种在农业增产中的贡献份额从原来的29%上升到36%，农作物良种覆盖率达到90%以上。

4. 种子产业化发展阶段（2000年至今）

进入21世纪后，种子产业发生了历史性变革，以《种子法》实施为标志，种子生产进入产业化快速发展阶段，种子产业已经形成了种子资源保护、品种审定、新品种保护、种子生产经营许可、种子生产经营档案、种子标签真实性、种子检疫、种子贮备、转基因植物品种安全评价等九大基本制度，为种子产业的健康发展和依法行为提供了强有力保障。2006年5月，国务院办公厅下发了《关于推进种子管理体制改革加强市场监管的意见》，通过制定配套政策，有力地推动了政企分开和种子管理体系建设。随着种子企业实现政企脱钩，涉农地区建立起种管理机构，为构建公平竞争的市场环境，加强种子市场监管奠定了基础。

种子市场准入制度和体制改革打破了市场封锁，改变了原来单一的国有种子企业生产经营格局，非国有资本开始介入种子产业，种子企业产权性质呈现多元化。各种类型的股份制种子企业及民营企业逐步成为种子市场的主力军。种子企业产权性质呈现多元化，促进了种业竞争和发展，确保了企业的自主经营权和农民对优良品种的自主选择权。同时，由于品种权保护力度加大，种业科技创新不断加强，企业自有品种不断增加，品种已经成为企业核心竞争力的重要组成部分。

随着经济体制由计划经济向市场经济转变。"四化一供"种子工作体制已经不能够适应新的经济体制下的农业生产对种子的需要，具体表现在蔬菜品种"育、繁、推"脱节，生产上"多、乱、杂"，经营上小而全，急需一个适应现代农业要求的种子生产新体系。为了真正把中国的种子推上国际商品竞争的舞台，在1995年召开的全国种子工作会议提出了推进种子产业化、创建"种子工程"的具体意见。农业部于1996年开始组织实施，特别是在《种子法》和《植物新品种保护条例》颁布实施之后，种子市场运行的基本法则是市场经济规律，各类竞争主体能够平等参与竞争，与国际接轨，这些都标志着我国种子工作进入了一个全新的发展时期。

种子产业化以国内外市场为导向，以经济效益为核心，围绕区域性主要作物的种子生产，实行区域布局、专业化生产、一体化经营、社会化服务、企业化管理，通过企业带基地、基地联农户的形式，实现种子育、繁、推、销一体化。实施种子产业化，要求种子生产体系实现五大转变，由公益性良种推广事业转化为生产农业资料的产业，由政、企不分转变为政、企分开，由区域自给性生产向社会化、国际化、市场化转变。由分散小规模生产向专业化大中型企业或集团化经营转变，由科研、生产、经营相互脱节向育种、生产、销售一体化转变。形成结构优化、布局合理的种子产业体系和科学的管理体系，建立生产专业化、经营集团化、管理规范化、育繁推一体化、大田用种商品化的现代化种子生产体系。

推进种子产业化是种子企业发展和种子管理体制改革的要求，也是实现农业增产增效、建立农业服务体系、积极参与国际竞争的要求。我国巨大的种业市场令外国企业瞩目，美国的先锋、孟山都、迪卡，泰国正大集团等跨国公司已经进军中国种子市场，有些公司以不同方式介入中国种子市场。面对种业发展新形势，必须加快建设新型种业体系，以种子企业为主体，以基础研究与商业化育种相结合的科技创新机制为支撑，以市场配置资源为导向，加强法制建设，建立统一开放、规范有序、公平竞争的种子市场，做大做强我国种业。

二、蔬菜生长发育与种子的形成

（一）蔬菜的生长发育

1. 蔬菜的生育周期

蔬菜生长过程可分为种子期、营养生长期和生殖生长期。蔬菜种类繁多，各种蔬菜从种子到种子的生长发育经历的时间有长短，可分为一年生蔬菜、二年生蔬菜和多年生蔬菜三类。大多数蔬菜用种子繁殖，也有用果实或营养器官繁殖。

（1）一年生蔬菜

在播种的当年形成产品器官，同时开花结实完成生育期，这类蔬

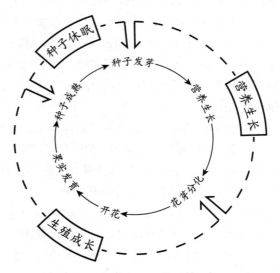

图1　一年生蔬菜生长周期

菜多喜温、耐热，在较高温度和充足光照下通过发育。在幼苗成长后，进行花芽分化，开花结果期长，营养生长和生殖生长同时进行，当年采集种子（图1），如茄果类、瓜类、豆类（除蚕豆、豌豆）及苋菜、蕹菜、落葵等部分绿叶蔬菜。

（2）二年生蔬菜

在播种当年进行营养生长，越冬后于翌年春季开花、结实、采收种子，属耐寒或半耐寒蔬菜，在营养生长期形成叶丛、叶球或肉质根等；从营养生长到生殖生长需要一段低温条件，通过春化阶段，在长日照下完成光照阶段后抽薹开花（图2），如白菜类、甘蓝类、芥菜类、根菜类，绿叶蔬菜中的菠菜、茼蒿、莴苣，蚕豆及豌豆等。

（3）多年生蔬菜

在一次播种或移栽后可多年（图2）采收，不需要每年播种繁殖。多年生蔬菜地下部分耐寒、根系大，贮藏养分越冬，而地上部分耐热，

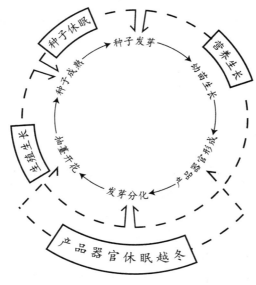

图2　二年生蔬菜生长周期

生长和产品器官形成的适温较高，如黄花菜、芦笋、竹笋等。

蔬菜的生长周期随着栽培条件的改变，发生相应的变化，如白菜、萝卜、菠菜等在秋播时为典型的二年生蔬菜，但早春播种时，苗期受低温、长日照的影响，在贮藏器官完全形成前就抽薹开花，变成一年生蔬菜。

无性繁殖蔬菜的生长期，从块茎、块根等的发芽，到块茎、块根等形成。其中有些无性繁殖蔬菜也会开花结实，如马铃薯、竹笋等，在栽培过程中，这些蔬菜的生殖器官有的发育不全，即使有发育的种子，用种子繁殖后要经多年才能形成产品器官如竹笋等，或者经济性状发生变异如马铃薯，因此，在蔬菜生产上这类蔬菜不用种子繁殖，而采用营养器官繁殖。

2. 蔬菜的生育阶段

（1）蔬菜生长发育对环境的要求

不同种类的蔬菜，生长发育对环境条件的要求也不同，同一种蔬菜的不同品种，其生长发育对环境条件的要求也有差异，如白菜、芥菜对春化有要求严格的和要求不严格的品种，而毛豆、豇豆等对光照有要求严格的和要求不严格的品种。

（2）春化阶段

二年生蔬菜通过春化阶段有两种不同的类型，即种子春化型和绿体春化型。

①种子春化型：当蔬菜种子处于萌动状态时，能感受低温的作用，经历一定的时间后通过春化阶段，如白菜、芥菜、萝卜、菠菜等，在0~10 ℃温度条件下经历10~30天完成春化阶段。有的蔬菜品种对春化要求不甚严格，如菜心在夏季播种也能开花结荚。

②绿体春化型：当蔬菜植株长到一定大小时，才能感受低温，如甘蓝、洋葱、大葱、芹菜等，植株大小可用生长天数、植株茎径、叶数来表示。通过春化的条件，在蔬菜种类间存在差异，在品种间也有

差异，如结球甘蓝和球茎甘蓝通过春化阶段的要求远高于花椰菜、青花菜；同为结球甘蓝的牛心品种，低温春化要求比平头品种高。

（3）光照阶段

二年生蔬菜通过低温春化后，还要求一定的光照时间才能抽薹开花；对于一年生蔬菜，有的种类或品种也要求有一定的光照时间。根据蔬菜对光照时间长短要求不同可分为三类：

①长光照蔬菜：在日照由短变长，达到日照时数 12~14 小时以上时，促进开花，如白菜、芥菜、萝卜、胡萝卜、芹菜、菠菜、莴苣、蚕豆、豌豆、大葱、洋葱等蔬菜，在春季长日照下开花。

②短光照蔬菜：在日照由长变短，日照时数在 12~14 小时以下时，促进开花结实，如晚熟毛豆品种、部分豇豆品种、苋菜、蕹菜等蔬菜，大多在夏秋季开花结实。

③中光照蔬菜：在较长或较短光照下都能开花的蔬菜，如菜豆、黄瓜、番茄、辣椒及早熟毛豆品种等，只要温度适宜，在春季或秋季均可开花结实。

（二）蔬菜种子的形成

蔬菜生产上播种用的种子，如十字花科、葫芦科与茄科蔬菜等种子，是由胚珠发育而成的真正种子；而伞形花科、菊科与藜科蔬菜等种子，实际上是果实，在生产上亦称为种子；其他如山药的块根、马铃薯的块茎与大蒜的鳞茎等用作播种的，在生产上作为种子使用。

1. 蔬菜的花

蔬菜在生殖生长期间，开花、结实，而后形成种子。花的结构依蔬菜不同的科而异。如十字花科蔬菜的花，雌雄蕊长在同一朵花内，雌雄同花。葫芦科的花，雌花和雄花着生在同一植株上，属雌雄异花。菠菜属藜科，雌花与雄花分别长在不同的植株上，属雌雄异株。

蔬菜的花由花柄、花托、花萼、花冠、雄蕊和雌蕊等组成（图3）。

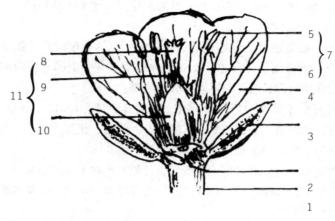

图3　蔬菜花的结构

1.花柄　2.花托　3.萼片　4.花瓣　5.花药　6.花丝
7.雄蕊　8.柱头　9.花柱　10.子房　11.雌蕊

花柄是着生花的小枝，连着茎和花，使花位于一定空间；花托在花柄之上，是花萼、花冠、雄蕊和雌蕊着生的位置；花萼和花冠为内外两轮，花萼在外轮，花冠在内轮，形状、大小和颜色多种多样；雄蕊和雌蕊位于中央，雄蕊由花药和花丝组成，雌蕊由柱头、花柱和子房组成。

2. 蔬菜的种子

蔬菜的种子由种皮、胚乳和胚组成。用作种子的果实，在种皮之外，还有一层果皮。

（1）种皮

种皮由珠被发育而成，内珠被发育成较薄的内种皮，外珠被发育成较厚的外种皮，具有保护胚组织的作用。种皮表面平滑或有皱褶，有各种颜色和斑纹，有的还附有刺、毛、突起等附属物，形成不同的形态，成熟种子的表皮，有种脐、种脊和珠孔（发芽孔）等组织，这些都是鉴定种子的主要依据。

（2）胚乳

胚乳由受精的极核发育而成。胚乳是胚发育过程中的营养物质，可分为有胚乳种子和无胚乳种子。在无胚乳种子中，营养物质贮藏于胚内，以子叶里为最多，如豆科、葫芦科和菊科等种子。有胚乳的种子有禾本科、茄科和伞形花科种子等。

（3）胚

胚是幼小植物的基础，由胚芽、子叶、胚根和胚茎四部分组成。

在花器官发育成熟以后，雄蕊中的花粉粒落到雌蕊柱头上，在适宜的条件下，花粉粒很快萌发，长出花粉管，刺透柱头，精核分裂为二，花粉管经过花柱伸入子房，从珠孔进入胚珠，放出两个精核，一精核与胚囊中的卵细胞结合，成为合子，发育成胚，另一精核与极核结合，发育成胚乳。

3. 蔬菜种子的发育

蔬菜种子的发育过程，从卵细胞受精成为合子，到种子成熟为止。种子的发育是植物个体发育的最初阶段，可塑性强，对外界环境条件十分敏感，既影响种子的产量和播种品质，又影响后代的生长发育。在种子的发育时期，保证植株获得良好的发育条件，是获得蔬菜高产优质种子的重要基础。

（1）受精作用

成熟的花粉粒依靠风、虫、水等媒介，传播而落在雌蕊柱头上，从柱头上的分泌液中吸收水分和养分，开始萌发伸出花粉管。落在柱头上花粉数目较多，发芽后花粉管的数目也较多。花粉管的生长速度不同，生长最强壮、最活跃的花粉管先到胚囊。花粉管中的一个雄配子与卵细胞（雌配子）融合成为合子，另一个雄配子与胚囊中部的极核融合成为原始的胚乳细胞。这两个融合过程称为"双受精"作用（图4），这是被子植物特有的有性生殖方式。

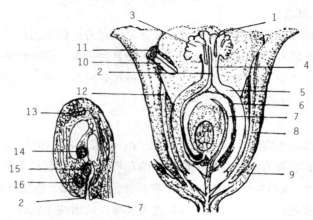

图4　蔬菜的双受精作用

1.花粉　2.花粉管　3.柱头　4.花柱　5.子房壁　6.子房腔　7.胚珠
8.花瓣　9.花萼　10.花药　11.花隔　12.花丝　13.反足细胞
14.极核　15.卵细胞　16.助细胞　17.胚乳

　　从授粉到受精所需的时间，不同蔬菜种类间有较大的差别，环境条件如温度、湿度等也有较大的影响。在人工杂交制种时，授粉后如遇暴雨，使得花粉管未及子房前就被雨冲掉，需要进行重复授粉，才能获得较高种子产量。

　　蔬菜在授粉、受精前，通常先经过开花，但也有不开花就能正常受精的，如菜豆、豇豆等豆类蔬菜，称为"闭花受精"，这对蔬菜杂交制种是不利的。

　　（2）种子的发育过程

　　①胚的发育：胚是种子的主要部分，是由胚囊中的卵细胞通过受精后发育而成，是合子经过多次细胞分裂与分化，逐渐形成有子叶、胚芽、胚轴和胚根的完整的胚。

②胚乳的发育：胚囊中的极核在受精后，迅速进行分裂，形成大量的核，排列在胚囊的内部，而各个核之间产生隔膜，形成许多薄壁细胞（即胚乳细胞），这些细胞继续分裂发育成为胚乳，如单子叶蔬菜的胚乳由这种方式形成；而双子叶蔬菜的胚乳发育是由受精的极核直接分裂形成。蔬菜中有些种子的胚乳，在发育前期逐渐为胚所吸收，使营养物质转向子叶，造成胚乳消失，子叶特别发达，形成无胚乳种子，如葫芦科、豆科、十字花科、菊科等蔬菜种子。有些蔬菜在种子发育过程中，胚乳中途停止发育，而胚囊周围的珠心层迅速增大，积累很多养分，形成一种营养组织，称为外胚乳，如菠菜、苋菜等。

③种皮的发育：胚珠周围的珠被，在种子发育过程中，被种胚吸收一部分，或全部被吸收，而部分或全部发生质变，经过分裂，形成多层细胞的种皮。有的表皮下面形成角质层，有的细胞木质化，具有很强的保护作用，如豆类、瓜类种子。原来在胚囊末端的珠孔形成发芽孔或称种孔。胚珠基部的珠柄发育成为种柄。种子成熟干燥后，种子从种柄上脱落，并在种子上留下一个疤痕，即为种脐。

（三）蔬菜种子的成熟

当雄性精核与雌性卵细胞结合成合子后，经过细胞分裂阶段，积累各种营养物质，生长发育成为成熟的种子，干物质不再增加，含水量减少，种皮硬度增加，呈现品种固有的色泽，胚具有萌发能力，逐渐完成种子内部的生理成熟过程。

1. 蔬菜种子的成熟过程

蔬菜种子有多种多样，形状各异，大小与重量相差很大，但种子的成熟过程基本相似。

（1）绿熟期

植株和果实均呈绿色，种子生长充分，含水量高。

（2）黄熟期

植株下部叶子变黄，种荚或果实转色，种子外形略缩小。

（3）完熟期

植株大部分叶片脱落，种荚或果色加深，显示固有的颜色，种子变硬。

（4）枯熟期

植株茎秆干枯发脆，种荚或果实老熟，种子容易掉落，种皮变硬，颜色加深，有光泽。

2. 蔬菜种子成熟与发芽的关系

为获得优质种子，必须使种子充分成熟。种子的成熟度与种子发芽及贮藏寿命有很大关系。研究表明，蔬菜种子成熟度高，则发芽率高，贮藏寿命长。

（四）蔬菜种子的休眠

蔬菜种子的休眠有两种，一种是遗传的生理休眠，另一种是因种皮坚硬或种子本身含有抑制物质，阻碍种子萌发的强迫休眠。

1. 生理休眠

（1）种子尚未完成后熟

蔬菜种子的种胚从形态上已经长成，但尚未通过一系列复杂的生化变化，在胚细胞中还缺少萌发时所需的同化物质，必须经过一个后熟过程。经过后熟的种子，可提高种子的品质。

（2）种子萌发对温度的要求

蔬菜种子发芽需要较高温度，如辣椒种子放在4℃~10℃的温室中，经 45 天仍不萌发，但放在 32 ℃ ~38 ℃较高温度条件下，只要 5 天就能萌发。种子萌发对温度的要求，是由不同蔬菜的遗传性决定的。

（3）种子萌发对光的反应

有些蔬菜种子播种前，需要晒一下，以满足种子对光的要求，光可提高种子的活力，增加发芽势和发芽率；而有些忌光性的种子，如葱属、苋属和百合科的蔬菜种子，只需将种子播入土壤中，给予适当的温度、湿度条件，种子就会萌发生长。

2．强迫休眠

（1）种皮的障碍

蔬菜种子有的种皮坚硬、厚实，使种子萌发时得不到所需要的水分和氧气，加上种皮的机械约束力，使缓慢吸足水分的幼胚，也不能向外伸长，被迫休眠。

（2）抑制物质的阻滞

胡萝卜种子内的挥发性油，不仅有特殊气味，还阻止水分进入种子内；茄果类和瓜类的种子，采种时种子上粘着很多果浆，会含有发芽抑制物质，需要清洗干净，排除对发芽的影响。

三、蔬菜采种体系与采种方法

蔬菜采种技术与选种，产生了类型多样的蔬菜品种。蔬菜采种技术就是保证各类蔬菜优良品种，在不同的气候、土壤、栽培等条件下，保持遗传特性不变，或者变异最小，品种性状基本一致。

蔬菜育种有两大技术体系，即重组育种体系与优势育种体系。两大育种体系的基因作用不同，培育出的栽培品种的遗传特点就不同，从而形成两大种子生产技术体系，即品种的种子生产体系和杂交种的种子生产体系。

（一）蔬菜育种体系及品种类型

1. 两大育种体系

重组育种和优势育种两种育种体系以两种基本的遗传特性为基础。一种特性是亲属间的相似性和对立面的变异性，另一种特性是近交退化与对立面的杂交产生优势。两种育种体系都采用杂交、自交和选择等技术手段，但二者利用性状的遗传组分不同：重组育种是利用两亲本杂交，然后自交并结合选择，选出比双亲优良的稳定遗传的纯合体，即纯系品种，包括一般的常规品种、亲本自交系等；优势育种自交的目的是选出优良的纯合亲本，再利用两亲本杂交获得杂种优势，即选育优势组合或杂交种，包括各类杂交种，如单交种、三交种、双交种、品种间杂交种等。

2．蔬菜品种类型及特性

（1）蔬菜品种的类型

由于育种途径不同，育成品种的类型也就不同。蔬菜品种分为纯系品种、杂交种品种、群体品种和无性系品种。

①纯系品种。纯系品种是指生产上利用的遗传基础相同、基因型纯合的品种。在生产上种植的大多数粮食作物及许多自花授粉蔬菜的常规品种属纯系品种。

纯系品种群体经长期自交繁殖，形成一个遗传性相对稳定的纯合系统，群体的基因型相同，表现型一致，群体遗传结构比较简单，是一个同质结合的群体，自交没有衰退现象，具有耐自交性。

②杂交种品种。杂交种品种亦称杂交组合，在严格筛选强优势组合和控制授粉条件下，生产的各类杂交组合的杂交一代植物群体。杂交种基因型是高度杂合的，群体又具有较高的同质性，群体整齐，杂种优势显著。但杂交种品种不能稳定遗传，杂交二代及以后各代发生分离，性状整齐度降低，产量下降，故生产上通常只利用杂交一代，杂交二代不再利用。杂交种品种需要年年制种。

由于利用杂种优势的途径不同，杂交种可分为：自交系间杂交种、三系杂交种、自交不亲和系杂交种与人工去雄杂交种等。

③群体品种。群体品种的基本特点是遗传基础比较复杂，群体内的植株基因型是不一致的，即群体具有异质性。根据植物种类和组成方式不同，群体品种可分为不同类型，主要有异花授粉植物的开放授粉品种、多系品种等。

④无性系品种。无性系品种是由一个无性系经过营养器官繁殖而成。无性系品种的基因型由母体决定，表型也和母体相同。许多薯类蔬菜品种属于这类无性系品种。

（2）蔬菜品种的特性

在市场经济条件下，蔬菜优良品种具有四种特性。

①经济性。蔬菜品种是根据生产和生活需要而产生的群体，具有食用价值，能产生经济效益，是一种具有经济价值的群体。

②地域性。蔬菜品种是在一定自然、栽培条件下选育的，优良性状表现具有地域性，若自然条件、栽培条件、地域不同或改变，品种的优良性状就可能丧失。

③商品性。在市场经济中，蔬菜品种的种子是一种具有再生产性能的特殊商品，优良品种的优质种子能带来良好的经济效益，使种子生产和经营成为农业经济发展的最活跃的生长点。种子生产的发展水平，完全可以代表一个地区、一个省、一个国家农业发展的水平。

④时效性。蔬菜品种在生产上的经济价值有时间性，不是一劳永逸的。一个优良蔬菜品种如未能做好提纯与保纯，推广过程中产生混杂退化，或不适应变化了的栽培条件、耕作制度及病虫为害、人类需求的提高，都可失去在生产上的应用价值，被新品种所替代。新品种不断替代老品种，是自然规律，因此，蔬菜品种使用是有期限的。

（二）蔬菜种子生产体系

蔬菜种子生产体系包括蔬菜品种的种子生产与杂交种的种子生产。种子生产与大田生产最明显的区别有两个方面：一是隔离，以达到防杂保纯的目的；二是选择，保留典型株，去除异型株，以达到去杂提纯的目的。

1. 蔬菜品种的种子生产

蔬菜品种的种子生产包括纯系品种、异质品种和群体品种三类品种的种子生产，因遗传特点不同，各有不同的生产特点。

（1）纯系品种的种子生产

包括纯系品种、无性系品种、杂交种的亲本自交系、雄性不育系、雄性不育保持系、雄性不育恢复系、自交不亲和系等。这类品种长期自交和人为定向选择，遗传特点是个体的基因型纯合，群体的基因型同质、表现型整齐一致，决定其种子生产特点；种子生产技术比较简单，品种保纯相对较容易，在种子生产过程中，主要防止各种形式的机械混杂，适当隔离防止生物学混杂，进行去杂去劣保持或提高种子纯度。

对杂交种的亲本自交系、雄性不育系、雄性不育保持系、雄性不育恢复系、自交不亲和系等，种子质量要求更高，在种子生产上，除采用上述措施外，在隔离措施上要求更严格，以防止生物学混杂。

（2）自交蔬菜多系品种、混合品种及自交蔬菜农家品种

种子生产对个体而言要防杂保纯，对群体而言留种所选单株要尽量多，以防止少量留种引起遗传漂变。

（3）异交蔬菜开放授粉品种

这类品种种子生产特点有三个方面：

①要进行严格的隔离。

②要防止任何形式的近交。

③要进行大群体留种。

另外，无性系品种的遗传特点和遗传效应，决定种子生产特点与纯系品种相同，但营养繁殖易产生病毒，宜采用组织培养的脱毒技术，如马铃薯、大蒜等多采用组织培养技术进行种苗生产。

2. 蔬菜杂交种的种子生产

蔬菜杂交种的遗传特点，决定种子生产要年年制种，亲本纯度高，解决好母本的去雄问题。

不同蔬菜杂交种生产模式不同，杂交制种技术也不同。

在杂交种生产中，要生产纯度高的杂交种，更要生产高纯度的杂

交种亲本，即自交系、三系（不育系、保持系和恢复系）、自交不亲和系及亲本品种。由于亲本间遗传差异较大，花粉的传播能力和对温度、光照、土壤条件的反应各不相同，采用严格的隔离措施、双亲花期调控技术等对杂交种生产非常关键。

（三）蔬菜采种的方法

1．蔬菜采种程序

（1）原原种种子生产

原原种是由育种者提供，经过试验鉴定有推广价值的新品种或提纯复壮的种子，也称育种者的原种，它具有最高的品种纯度和最好的种子品质。原原种的生产过程在不同程度上对群体有提纯及选择的作用，应在绝对隔离条件下生产。原原种的种子数量较少，需要通过原种、良种繁育程序进行扩大繁殖。

（2）原种种子生产

原种是用原原种繁殖得到的种子，完全保持群体的遗传特性，在一定程度上对群体有提纯作用。原种的生产规模较原原种大，比生产用种小，但规模的大小与天然杂交率及蔬菜的结实率有关。

菜豆、番茄等自花授粉蔬菜种类的原种生产可在露地进行，而人工授粉或昆虫授粉的异花授粉蔬菜，如十字花科蔬菜、洋葱、胡萝卜等在网室内进行，若在露地采种，隔离要求较严格。

原种的标准：性状典型一致；生长势、抗逆性和生产力较强；种子饱满一致、发芽率高，无杂草及霉烂种子，无检疫对象。

（3）生产用种种子生产

利用原种生产的种子即为生产用种，也称为良种繁育（图5）。生产用种在生产时没有提纯过程，要进行去杂去劣。生产用种标准略低

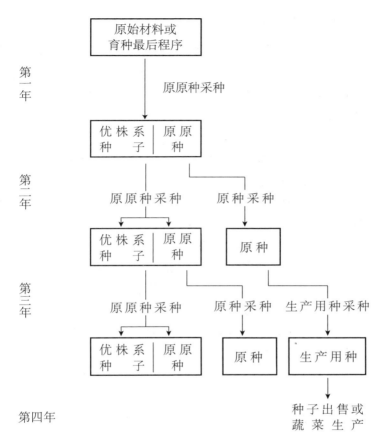

图5 蔬菜种子的采种程序

于原种，但要符合规定的种子质量标准。生产用种的生产与原原种和原种生产不同，如为了鉴定品种的抗病性及地区适应性，原原种和原种的生产在主栽区、城市郊区等病害较严重的地区繁殖，或进行人工接种；而繁殖生产用种时，在轻病区或无病区进行，从而获得高产优质的种子。

2. 蔬菜常规品种采种方法

常规品种或称固定品种，其遗传性相对稳定，经济性状优良一致。在采种上要严格保持品种的遗传稳定性和经济性状一致性。因此，在采种过程中除了对易杂交的蔬菜（品种）间进行严格隔离外，还要进行种株的选择。

（1）常规采种

常规品种采种法按采种所需时间（播种→食用器官形成→种子采收）的不同，分为三类：

①一年生采种。在自然条件下，当年播种既可形成食用器官又能当年采收种子的采种方式，如瓜类、多数豆类蔬菜、茄果类蔬菜以及黄秋葵、苋菜、甜玉米等属于一年生采种蔬菜。

②二年生采种。在自然条件下，播种当年形成食用器官，经过冬季后，于翌年春季抽薹开花结实、采收种子的采种方式，如白菜类、甘蓝类、芥菜类、根菜类豌豆、蚕豆、菠菜、茼蒿、芹菜、芫荽、分葱等。

③三年生采种。在自然条件下，正常生产季节播种，蔬菜植株当年只进行营养生长，次年形成食用器官，第三年采收种子的方式，如春甘蓝和洋葱等蔬菜。三年生采种可分人为和自然两种。其中人为三年生采种是指春甘蓝，甘蓝叶球形成需要冷凉的气候，播种早，秋冬季形成叶球成为冬甘蓝，要推迟播种，在4~5月形成叶球，于秋季定植后，第三年抽薹开花结子。这样采种获得的种子，正常季节播种后，第二年不易出现先期抽薹。洋葱在播种当年生长植株，次年温度升高、日照延长时形成鳞茎。在秋季种植鳞茎，到第三年春夏采收种子。

其中三年生采种法是在食用器官形成后，才能选留种株，在严格隔离选择下，可获得纯度高的优质种子。但三年生采种法花工大、占地时间长、易受病虫害和不良气候影响，种子产量较低，种子成本较高。

（2）采种生产

在采种生产上，为了保持纯度、提高种子产量、缩短采种时间、降低种子生产成本，采用大株、中株、小株相结合的采种方法。

①大株采种（移植采种）：按正常生产季节播种，在食用器官成熟时选择种株，称为大株。种株经处理后定植于采种田，于翌年采收种子，称为大株采种。大株采种通过多次选择，能保持优良种性，但种子产量较低、成本较高，多用于进行原原种和原种种子的生产。

②中株采种（移植采种）：播种期比大株采种延迟 20~40 天，密植度较高，在采收食用器官初步形成，品种特性已基本表现，可选择种株（中株）。种株定植后，于翌年采收种子。中株采种可根据品种性状进行选择，能保纯品种、防止品种退化，但比大株采种稍差，由于中株采种的种株后期生长较正常，种子产量高，常用于进行原种或生产用种的生产。

③小株采种（直播采种）：播种期比中株采种迟 30~50 天，有的种类如白菜、萝卜、芥菜等蔬菜可在第二年早春播种。小株采种要用种性纯正的原种播种在隔离条件好的采种田，不能进行食用器官选择，而只能进行去杂去劣，小株采种的种子纯度没有大株采种和中株采种好、种子产量高、占地时间短、种子生产成本低，但小株采种只用于生产用种的生产，不用于繁殖种子。

采用大株、中株、小株采种相结合的采种方法，可在白菜类、甘蓝类、根菜类、榨菜及部分绿叶蔬菜采种上应用。

3. 蔬菜杂交种采种方法

蔬菜杂交制种生产上，通过各种技术措施，提高种子的质量，提高采种种子的产量，降低种子生产成本。

（1）蔬菜杂交种的利用

蔬菜杂交种是由两个遗传性状不同的亲本，进行杂交产生的杂种一代（F1 代）。杂种一代在生长势、生活力、抗逆性、产量等方面均优于双亲，称为杂种优势。杂交制种是杂种优势利用的必要手段，利用配合力高的亲本生产数量多、质量好的杂交种种子。

①高纯度亲本。优良的亲本是组配强优势杂交种的基础材料，配制杂交种的亲本，必须高度纯合，保持遗传稳定性，持续利用杂种优势。

②强优势杂交组合。利用杂种优势应具有强优势的杂交组合，具有明显的超亲优势。除产量优势外，还要有优良的综合性状、稳定性和适应性。

③简易制种工序。杂交种在生产上只利用杂种一代（F1），杂种二代及以后各代杂种优势减退或丧失，不能继续利用，要求年年繁殖亲本和配制杂交种。大量生产杂交种时，要建立适应杂交种特点的种子生产技术体系，包括亲本繁殖与杂交制种体系，要有简单、易行、经济、实用的种子生产方法和技术，降低种子生产成本。

（2）人工去雄的利用

人工去雄即用人工去掉雄蕊或雄花、雄株或部分花冠，再任其与父本自然授粉或人工授粉，从母本株上采收一代杂种种子的方法。

人工去雄是杂种优势利用的常用方法，适用于雌雄异株与雌雄同株异花蔬菜，繁殖系数较高，雄性花器较大，容易人工去雄及用种量较小的，如茄果类、瓜类等。人工去雄是一种比较繁重的工作，对工作时间、工作质量要求严格。

（3）标志性状的利用

用某对基因控制显性或急性性状作为标志，区别真假杂交种。给杂交父本转育一个苗期出现的显性标志性状，或给母本转育一个苗期出现的隐性标志性状，用这样的父母本进行不去雄放任杂交，从母本上收获自交和杂交两类种子。播种后根据标志性状，在间苗时拔除具有隐性性状的幼苗，即假杂种或母本苗，留下具有显性性状的幼苗就是杂种植株。

（4）化学杀雄的应用

化学杀雄适用于花器较小、人工去雄较难的蔬菜。化学杀雄用某种化学药剂，在蔬菜生长发育期间喷洒母本上，直接杀死或抑制雄性器官，造成生理不育，而对雌蕊没有影响，达到杀雄效果。

化学杀雄杂交制方法简便，亲本选配自由，容易筛选强优组合。用 150ppm 乙烯利水溶液，喷洒黄瓜幼苗，可促进雌蕊发育而抑制雄蕊发育，使植株多形成雌花，达到去雄效果。

（5）雌性系的利用

利用雌性系制种多在黄瓜上应用。雌性系没有雄花或雄花很少，将雌性系与父本系在同一隔离区内自由授粉，或采用人工辅助授粉的方法生产杂种种子，对有少量雄花的植株应进行自然授粉或人工辅助授粉的方法。将父母本按 1：2~3 的行比种植，母本从现蕾期到开花期进行授粉。雌性系植株无雄花，不能自行繁殖后代，可在苗期（6 叶期）用 1500 毫克 / 升赤霉素，或 300~500 毫克 / 升硝酸银水溶液喷雾，诱导产生雄花在隔离区内自然授粉，获得雌性系种子。

菠菜和石刁柏为雌雄异株的异花授粉蔬菜。人工授粉花工较多，种子成本高，而且不易将母本系内的雄株全部拔除，种子纯度也不很高，而采用雌株系制种，可解决这个问题。

（6）自交不亲和性的利用

自交不亲和是自交不结实或结实极少，如十字花科、豆科、茄科、菊科等蔬菜。配制杂交种时，以自交不亲和系作母本与父本，按比例种植，可免除人工去雄，从母本上收获杂交种。如果双亲都是自交不亲和系，正反交差异不明显的组合，可互作父母本，收获的种子均为杂交种，如在大白菜、甘蓝、花椰菜、青花菜等蔬菜采种上普遍应用。

十字花科蔬菜自交不亲和系原种的繁殖，采用蕾期授粉方法：将自交不亲和系种株定植在温室或塑料大棚内，与其他近缘蔬菜或品种隔离，同时具有提早开花和防雨等作用；自始花期起选择大小合适的花蕾用镊子剥去花蕾上部 1/3 的花被，立即用同系统的混合花粉授粉。在自交不亲和系原种的繁殖上，应特别注意以下几个问题：

27

①提高自交不亲和系原种的繁殖效率。采用剥蕾授粉方法繁殖自交不亲和系原种效率较低，为解决这一问题，在生产上主要是在花期用 5% 的食盐水溶液喷雾，进行自然授粉或人工授粉。

②维持较低的花期自交亲和指数。较低的花期自交亲和指数是获得高纯度杂种种子重要条件之一。在自交不亲和系原种的繁殖过程中，应同时测定花期自交亲和指数。

③防止自交不亲和系的自交衰退。十字花科蔬菜存在自交生活力衰退的特性，因此，在自交不亲和系育成后，减少有性繁殖次数，在每次繁殖时，尽量获得较多的种子量，如采用腋芽扦插及组织培养，提高自交不亲和系的原种繁殖系数，降低生活力的衰退。

利用自交不亲和系生产杂种种子要在隔离区内进行。父母本采用 1：1 隔行种植，在进行杂种种子的生产时，应注意选择适宜采种地区，同时调节父母本的花期，创造较长花期相遇时间，或在采种田内放养蜜蜂，在种子采收时应将正反种子分开，不能混合。

（7）雄性不育系的利用

两性花蔬菜中，雄性器官表现退化、畸形或丧失功能，称"雄性不育"。雄性不育是可遗传的，可育成不育性稳定的系统，称为雄性不育系。用雄性不育系作母本，可免去人工去雄，将不育系与可育的父本系种植于同一隔离区内，从不育系植株上采收的种子即为杂种种子。

雄性不育系原种繁殖较简单，不需蕾期授粉，将不育系与保持系种植在同一隔离区内，通过自然授粉即可从不育系植株上采收不育系种子。

利用雄性不育系配制杂交种，是蔬菜采种生产上应用最广、最有效的方法之一。为了保持和逐代繁殖不育系，要选育一个相应的能育系，称为保持系，保持系除了育性与雄性不育系不同外，其他性状与雄性不育系相同。

（四）蔬菜采种的防杂提纯

蔬菜采种生产过程中，随着繁殖代数的增加，会发生品种纯度降低，典型性下降，种性变劣等混杂退化现象，采种过程要注意严格防止品种混杂退化，不断提纯复壮，保持优良种性。

1. 蔬菜品种混杂退化的表现

（1）蔬菜品种混杂退化的含义

品种混杂和退化是既相互联系又有区别的概念。品种混杂是指在一个品种群体中混有其他蔬菜或品种的种子或植株，造成品种纯度降低的现象。品种退化指品种原有种性变劣，优良性状部分丧失，生活力和产量下降，品质变劣，以致降低或丧失原品种在生产上的利用价值的现象。混杂了的品种，势必导致种性退化；退化的品种，植株高矮不齐，性状不一致，加剧品种的混杂。

（2）蔬菜品种混杂退化的表现

混杂退化的品种田间表现为植株高矮不齐，成熟早晚不一，生长势强弱不同，病、虫为害加重，抵抗不良环境条件的能力减弱，穗小、粒少经济性状变劣等现象，造成产量和品质下降。

2. 蔬菜品种混杂退化的原因

蔬菜品种混杂退化的原因很多，不同蔬菜、不同品种及不同地区之间混杂退化的原因也不同。

（1）机械混杂

机械混杂是在种子生产与流通过程中，从播种到收获、加工、运输、贮藏，接穗的采集，种苗的生产、调运等，在繁育的品种中混入异品种、异蔬菜或杂草种子，造成的机械混杂。

机械混杂有两种情况：一是品种间混杂，混进同一种蔬菜其他品种的种子，这种混杂田间的去杂和室内清选较难区分，不易剔除；二是种间混杂，即混进其他蔬菜和杂草的种子，这种混杂无论在田间或室内较易剔除。

（2）生物学混杂

有性繁殖的蔬菜种子田，由于隔离不严或去杂去劣不及时、不彻底，造成异品种花粉传入，参与授粉杂交，使品种纯度和种性降低，称为生物学混杂。

有性繁殖蔬菜有一定的天然杂交率，常会发生生物学混杂，在异交和常异交蔬菜上较普遍。生物学混杂发生后，会随世代的增加而加重，混杂速度加快。

（3）品种性状分离和基因突变

通过杂交育种育成的纯系品种，但绝对的纯系是没有的，一个自交6~8代的株系，在主要性状上表现一致，但总会存在残存的异质基因，特别是由多基因控制的数量性状，异质基因会发生分离，从而使品种的典型性、一致性下降，纯度降低。在自然条件下基因突变率较低，但多数突变为劣变，随着繁殖代数增加，劣变性状积累，导致品种混杂退化。

（4）不正确的人工选择

在蔬菜种子生产过程中，单株选择可保持和提高品种典型性和纯度，但单株选择不正确，会加速品种的混杂退化。

在异交蔬菜品种提纯选择过程中，留种株数过少或随机抽样误差的影响，发生基因流失（基因漂移），改变群体的遗传组成，导致品种退化。

（5）不良栽培管理与环境条件

品种优良性状的表现必须有良好的栽培管理与环境条件，优良品种长期处于不良条件下，会导致群体生产力下降。马铃薯块茎膨大适于较冷凉的条件，而马铃薯由于夏季高温的影响，块茎膨大受到抑制、病毒繁衍速度快，种薯严重退化，影响产量和品质。

3. 蔬菜采种防杂提纯措施

针对品种混杂退化的原因，坚持"防杂重于去杂，保纯重于提纯"的原则。从新品种利用开始，加强管理，进行全面质量监控。

（1）建立种子生产队伍

建立一支有组织、有能力、懂技术的种子生产队伍，搞好种子生产。

（2）建立健全种子生产体系

新品种经审定后推广，各级原（良）种场迅速繁殖生产，同时对推广的品种进行提纯更新。

常规品种经审定后，由育种单位提供种子，由种业企业组织生产原种，由种子生产基地或种子生产专业户生产良种，提供生产用种。

杂交种的生产由种业企业或特约农户完成。在种子生产上，实行统一技术规程、统一播种、统一防杂提纯，统一去杂去雄、统一收购，以确保种子质量和数量。

（3）采取有效措施，严防机械混杂

①严格种子接收和发放手续。在种子的接收和发放过程中，要检查袋内外的标签是否相符，认真鉴定品种真实性及种子等级，杜绝人为的差错。

②合理安排轮作。种子田要合理轮作，施用充分腐熟的有机肥，及时中耕，清除杂草。

③把好种子处理和播种关。播种前晒种、选种、浸种、催芽、拌种、包衣等种子处理环节，要做到不同品种、不同等级的种子分别处理，用具和场地由专人负责，清理干净，严防混杂。在处理或播种同一品种不同级别的种子时，应先处理或播种等级高的种子。不同品种相邻种植时，应有隔离道。

④把好种子收运与贮藏关。种子田必须按品种单独收获、运输、脱粒、晾晒、贮藏，严格隔离，杜绝混杂。不同品种分别贮藏、挂好标签，防止混杂。

（4）采取隔离措施，严防生物学混杂

种子田生物学混杂就是天然杂交，包括制种区外非父本花粉进入制种区要参与授粉，因此，要严格隔离和清除散粉的杂株。

严格隔离是有性繁殖蔬菜防杂提纯的关键措施。异交和常异交蔬菜种子生产时，要设置足够隔离区，严禁种植其他品种。自交蔬菜天然杂交率较低，也要有隔离措施。隔离方法有空间隔离、时间隔离、自然屏障隔离和设施隔离（套袋、罩网、大棚、温室等），可因时、因地、因蔬菜、因条件进行选择。对珍贵的育种材料可用套袋等措施，防止外来花粉的污染。

（5）严格去杂、去劣和选择

去杂是去掉非本品种的植株；去劣指去掉感染病虫害、生长不良的植株。去杂去劣，一是防止制种区内非父本花粉的天然杂交，即防止生物学混杂，二是去掉异型株，提高种子纯度。在种子生产过程中，应严格去杂去劣，并分期多次进行，做到及时彻底。常规品种以品种成熟期为主，杂交制种和亲本繁殖以开花散粉前为主，做到随见随去。原种生产田和亲本繁殖田去杂去劣更要严格，不能确认的怀疑株应一并去掉。选择时必须掌握品种的特征特性，以典型性依据，提高和保持品种纯度。

（6）改善环境条件与栽培技术

采用科学的管理措施，提高种子质量，延缓品种退化。在冷凉的高纬度、高海拔地区生产马铃薯种薯，能有效防止病毒侵染，减轻种薯退化。

针对品种混杂退化的原因，利用低温、低湿条件贮存原种，定期品种更新，减少品种的繁殖世代，减少混杂退化概率，延长品种寿命，保持品种优良种性。采用组织培养生产脱毒苗，可防止因病毒感染引起的品种退化。

4. 蔬菜采种的隔离技术

（1）授粉方式与隔离的关系

蔬菜有性繁殖中的自花授粉、异花授粉等方式，在采种过程中都要采取不同程度的隔离措施，以保证生产种子的纯度和种性。授粉方式不同，隔离要求也不同，其中异花授粉蔬菜要求最严，常异花授粉蔬菜次之，自花授粉蔬菜要求最低。

此外，虫媒花蔬菜要求空间隔离较远，风媒花蔬菜空间隔离要求较近。

（2）隔离方法与技术

种子生产部必须进行安全的隔离，以防止生物学混杂。隔离方式多采用空间隔离、时间隔离、自然屏障隔离和高秆作物隔离等方式。以空间隔离较普遍。

①空间隔离。采种田（包括亲本繁殖田）周围在一定距离内不允许种植相同蔬菜的其他品种。隔离距离的远近因蔬菜种类、传粉方式及种子级别而不同，通常自交蔬菜隔离距离较小，异交和常异交蔬菜要求较严；杂交种的亲本繁殖较杂交制种严；靠风力传粉的蔬菜要求隔离距离较小，借昆虫传粉的蔬菜要求较严。在安排隔离距离时，应考虑传粉时的风向、风速、空气湿度、地面状况、外来花粉源的大小、制种田的面积等因素。

②时间隔离。时间隔离有困难，可通过调节播期，使亲本繁殖或杂交制种的花期与其周围同类作物的花期错开，避免外来花粉污染。隔离时间根据蔬菜花期的长短确定。

③自然屏障隔离。利用丘陵、树林、果园、村庄等自然屏障进行隔离。许多地方利用高山、森林等自然屏障隔离进行采种，效果很好。

④高秆作物隔离

在采种田四周种植玉米、高粱、向日葵等高秆作物，隔离效果较好。此外，珍贵稀有的采种材料可用套袋或网纱隔离。

5. 蔬菜采种的提纯技术

蔬菜提纯就是获得相对纯度、生命力强的种子。

（1）蔬菜提纯的程序

①选择优良单株。在品种提纯的自交系、不育系、保持系及恢复系中，选择性状典型、丰产性好的单株。

②株行比较。将选择的单株种成株行，在生长期观察性状表现，在收获前决选，淘汰杂劣株行，优良稳定的株行，分行收获。

③株系比较。上年入选的株行各成为一个单系，每株系一区，对典型性、丰产性、适应性等进一步比较试验。去杂去劣混合收获，产生原典型性状的种子。

④混系繁殖。将株系的混合种子，扩大繁殖，生产原种种子（图6）。

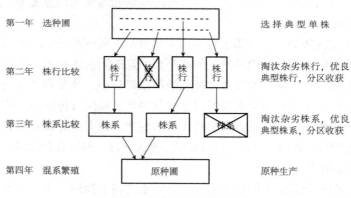

图6 蔬菜采种提纯程序

（2）蔬菜提纯的对象

①原种、生产用种。对于自花授粉蔬菜品种，一般采用3级提纯，即选株、株行比较、株系比较的混系繁殖程序。生产用种采用2级提纯法，即选出优良株行混合收获，繁殖原种。对常异花授粉的品种，多采用3级提纯法。

②杂交种亲本。杂交种亲本有自交系、不育系、保持系、恢复系等，选择优株套袋自交，收获后混合生产原种。

四、蔬菜采种栽培管理技术

蔬菜采种栽培要注意采种地区的选择，根据蔬菜生长发育对环境条件的要求、地区气候、土壤条件、栽培管理水平和管理条件而定。不同蔬菜种类与不同品种对生长环境要求有较大差异，适合采种的地区也不相同。适宜蔬菜栽培的地区，不一定适宜采种栽培。采种地区的环境条件，应使蔬菜能充分发育，能正常抽薹、开花、结籽，在开花、结籽及种子成熟采收期间有良好的天气条件，能使易杂交的蔬菜有符合隔离距离。

（一）选择播种期与及时早栽种株

蔬菜采种栽培的播种期与一般蔬菜栽培不同，播种期和定植期的确定，主要保证种株的发育和开花结籽在最适宜的季节。如茄果类蔬菜的播种期相应推迟，而在杂交制种时，为了使父母本的花期相遇，常采用分期播种的方法。繁殖二年生的蔬菜种子时，选择合适的播种期，如早熟种胡萝卜播种过早,易生长过度、衰老,应比晚熟种迟播15~20天;又如结球白菜、萝卜和甘蓝等两年生蔬菜种株，在播种不同熟性的品种时，应注意选择适当的播种期，要求营养体生长到具有本品种固有性状，能根据其特征挑选种株为适宜，这样的种株耐贮藏，次年栽植后生长势也很旺盛。各类种株在次年栽植时，以及时早栽为宜，因为春天的较低气温、空气和土壤湿度都适合于根系和叶簇的生长发育，为将来的开花、结实打下良好的营养基础，由此可获得较高的种子产量。在我国南方地区，种株在露地越冬时，应注意预防寒流低温的袭击。

此外，还要对种株进行处理，如花椰菜采种时，对花球进行多次切割，使花球松散，有利于抽薹、开花；大型萝卜采种时，对肉质根进行部分切割，防止腐烂。

（二）注意轮作与选择土壤

采种田块要进行轮作，避免发生相同的病虫害，影响种子产量。瓜类的枯萎病是由镰刀菌侵染引起，茄果类的青枯病是一种细菌病害，均可由土壤带菌传播；有莴苣蝇为害的附近地块，不宜安排莴苣采种，以免受害；还有胡萝卜种株发生黑腐病，与胡萝卜蝇的为害有关。蔬菜采种地与种植商品菜一样，应以不同的科进行轮作，如今年是茄科蔬菜的采种地，次年可安排十字花科蔬菜采种，第三年可安排瓜类蔬菜，以减轻相同病虫害的干扰。对病害严重的地块，或具有对多种蔬菜均可侵染的土传病地块，应改种水稻等大田作物 3~5 年，以消灭土壤中的病原，然后再种植蔬菜或安排蔬菜采种。

采种田土壤应选择耕作层较深，以 20~30 厘米为宜，土壤有机质含量应较高，具有优良的土壤物理性、化学性，土壤透气性好，既能保水又易排水。

（三）合理施肥和浇水

1. 施肥

栽植两年生蔬菜种株，越冬时应在种株上盖一些腐熟的有机肥料，可起防寒作用，以后中耕时压到土壤里，又起到施肥的作用。

采种田除豆类当年不施或少施有机肥料外，其他的采种田均要施用较大量的有机肥料，以改善土壤的保水、保肥能力和透气性。酸性土壤应适施石灰，以中和土壤溶液的酸性，提高 pH 值。施用氮、磷、钾等营养元素时，要以获得高产、优质的种子为目的，与获得优质的商品菜有所有同，如菜豆，为食用鲜嫩的豆荚，应控制磷肥的用量，氮肥的用量要略多；而为获得优质菜豆种子和促进种子成熟，应增施磷、钾肥料；为增强番茄的抗寒力，在开花前必须用磷、钾肥来培育，氮肥只在早期第一个花序的幼果形成之后作为追肥施用。其他以采收种子为目的的瓜、果蔬菜，均应注意增施磷、钾肥料。以食用营养体为主的叶球、根和茎等蔬菜，对种株用肥尤应注意，如甘蓝种株栽植后开始生长时，要用氮、磷、钾混合肥作追肥，种株开花前要施用磷、钾混合肥。

2．浇水

蔬菜采种田里的浇水，也与种商品菜不同。如种植黄瓜以采收嫩瓜为商品时，在干旱无雨季节，每隔日浇一次水；而以采收种子为目的的田块，浇水次数大大减少，到种瓜变黄后，停止浇水；丝瓜也是这样，要使果实肉质柔嫩，纤维不发达，必须供给多量的水；而收种子的丝瓜，则需要干旱。番茄采种田在幼苗定植后，要经常浇少量的水，以保持土壤中有均匀的水分，防止初期幼果的脱落，提高果实和种子的产量。其他蔬菜种株，也要求浇水均匀，到大部分种子蜡熟时，才停止浇水，采种期间严防田间积水。在实际操作中，要依天气、土壤和种株生长状况，进行适宜的浇水管理。

（四）合理密植与种株管理

1．密植

黄瓜、西葫芦和茄子、甜辣椒等蔬菜，在采种时每株种株只留种果一个到几个，比采收新鲜商品嫩果数少得多。因此，采种田的种植密度应增加四分之一至二分之一，以提高单位面积的采种量。

2．支架

洋葱、大葱及十字花科蔬菜的种株，因薹杆高，在结种子后，形成上重下轻，容易倒伏，还会造成种株发芽，影响种子的质量和产量，因此，要在采种田里按行立杆，而后拉绳或粗铅丝，以利将种株固定。对于有的蔬菜种株茎秆坚硬挺拔，枝条交叉后能互相支撑的，在周围立架围绕即可，以防风、雨影响，引起倒伏。

种株及时摘除老叶、病叶和剪除部分枝条，如结球白菜、甘蓝等种株栽植后，当茎生叶开始生长时，及时剥除干腐老叶或病叶，以免招致细菌寄生引起腐烂，剥除后在短缩茎或伤口上，涂上代森锌等杀菌防病农药，效果就更好。对于胡萝卜、洋葱与花椰菜等花期较长或花较多的种株，适当剪除弱枝和多余枝条，以促进早结种子，缩短种子成熟期。

（五）选择种株与分次采种

1．选择种株

一年生或二年生蔬菜种株，在不同生长发育阶段，选择具有本品种特征的幼苗、成株或果实，及时淘汰病株、弱株、杂株或不能留种的果实。

2．分次采种子

对一些花期长、种子成熟期有先后的蔬菜，如莴苣、胡萝卜和洋葱等，可将种子分两次采收，将先成熟的种子先收，后成熟的迟收，将种球和花茎一起割下采种，这类蔬菜种子宜在无风、露水未干时收割，以免种子飞散或失落。十字花科蔬菜和豆类的种子，成熟后就容易开裂，在收获时，应安排在清晨趁露水未干时进行，以免遭受损失，降低种子产量。

（六）田间管理与防治病虫

中耕、除草和病虫防治，是获得高产和优质蔬菜种子的重要措施。中耕增加土壤中的氧气，有利微生物活动，改善种株根系环境，有利根系生长；除草可降低肥料消耗，减少病虫寄生场所，避免杂草种子混入采种的种子中，提高种子净度。中耕、除草管理技术与生产商品菜相同。

蔬菜采种田以农业综合防治为基础，优先采用生物防治措施，合理使用高效低毒农药，创造有利于蔬菜种株生长、不利于病虫孳生的条件，从而避免或减轻病虫的危害。采种田施用农药种类及技术，与生产商品菜相同。

（七）辅助授粉

自花授粉的蔬菜采种，授以品种内异株花粉，可收到较好效果，而天然异花授粉蔬菜，增放蜂群，可提高种子产量和种子品质。白菜类、甘蓝类、萝卜类、瓜类和洋葱等蔬菜利用自交不亲和系、雄性不育系或雌性系配制天然杂交种子时，更需要放养蜜蜂，一般每亩采种田放置一箱蜜蜂，以提高杂交种子的产量和质量。

五、蔬菜种子的采收与贮藏

在蔬菜种子成熟过程中,养分由同化器官(如叶子)向贮藏器官(种子或果实)转移。种子干重、发芽率不断上升,含水量下降,当种子干重不再增加时即为种子采收的最佳时期。

(一)蔬菜种子的采收

1. 采收时期

选择适宜的种子采收时期是获得高产优质种子的关键之一。采收过早,种子产量低,质量也差;采收过迟,如十字花科蔬菜(除萝卜外)、部分豆类蔬菜、伞形花科蔬菜及百合科蔬菜等易裂果,部分种子在采种田内自然脱落,种子产量低;又如菜豆种子成熟期间,遇到阴雨天在荚内易发霉,造成大量豆荚腐烂,降低种子产量和质量;杂交制种时,果菜类蔬菜种果采收过迟,部分种果脱落,造成腐烂或丢失杂交标记,降低种子产量。

确定种子采收期,重点考虑种子成熟度、气候变化及蔬菜种类与品种的生育特性等。十字花科蔬菜及矮生豆类蔬菜种荚有 80% 枯黄时即可采收,番茄、辣椒在果实完全转红后采收,茄子则在果实转为老黄色后采收,黄瓜果实呈黄棕色时采收。

2. 采收方法

蔬菜种子采收方法因种类和品种不同而异。

(1)蔬菜种子采收次数

蔬菜种子（果实）的采收次数可分为一次性采收和分次采收两种。

①一次性采收。将同一植株或同一采种田的种子一次性采收完毕。如矮生豆类、十字花科、伞形花科、葫芦科、菊科及藜科蔬菜等为一次性采收。

②分次采收。在同一植株上的种子，分两次或两次以上的采收方式。如茄果类、蔓生豆类、百合科等蔬菜种子成熟一批采收一批，但采收期较集中。

（2）蔬菜种子采收部位

蔬菜种子采收可分为不同的采收部位。

①整株采收。矮生豆类蔬菜，在种子成熟时，拔起整株采收种子。

②采收地上部分。十字花科、伞形花科蔬菜，在种子成熟后，用镰刀在地面处收割地上部分。

③采收花序。百合科等蔬菜种子成熟后，割下着生种子的花序采收种子。

④采收种果。茄科、葫芦科、蔓生豆类蔬菜等，在种果成熟后先采摘种果，随后采收种子。

3．蔬菜种子的后熟

种子后熟是指着生种子的器官，如果实、花序或植株，采收后存放一段时间再脱粒的方式。

种子后熟可提高种子产量、改善种子的播种品质。因为蔬菜开花期很长，有的要在60天以上，种子的形成与种子的成熟期有先后，在较短的时间内将全部种子采收后，种子的成熟度相差很大，因此采收后要经过后熟处理。

种子的后熟效果十分明显，能提高种子千粒重和发芽率，可增加饱满种子数，提高种子产量。

（二）蔬菜种子的脱粒与清选

蔬菜种子脱粒是将种子与母株分离的过程，种子清选则是将饱满种子与杂质及秕子分开。通过脱粒和清选后，使种子具有较高的清洁度、饱满度和整齐度，可正确计算用种量，同时减少种子贮藏期间的病虫为害。

1. 筛选法

豆科蔬菜的荚果、十字花科蔬菜的角果、百合科蔬菜的蒴果、伞形花科蔬菜的离果、菊科蔬菜的瘦果等常采用筛选法。对晾干的植株或各类花序、果实通过滚压、敲打的方法，使种子脱粒，然后筛去杂物。筛选法常与风扬法相结合，在脱粒过筛后进行风扬，分离杂质，在无风天亦可使用排风扇或电扇进行风扬。

2. 干脱法

蔬菜的肉质果老熟后，不腐烂而成干果，可直接剖果脱粒，如辣椒、丝瓜及某些葫芦品种。

3. 发酵法

蔬菜种子与果实中的果肉、胎座组织及种子周围的胶状物粘连，不除去胶状物会影响种子发芽。在采种上常采用发酵法，将果实捣碎，盛放在非金属容器中（不加水），在 20℃~30℃的气温下发酵 1~2 天，当上层出现一层白色霉状物时，然后捣烂在水中漂洗，达到清选的效果，如番茄、茄子、黄瓜等均采用发酵法。

4. 酸（碱）解法

番茄、黄瓜等蔬菜种子虽可采用发酵法，但当种果采收期遇到持续阴雨天，易造成种子不能干燥。然而采用酸（碱）解法，可在较短的时间内（30分钟左右）即可使种子与果肉分离，利用短时间、间歇性的晴朗天，及时将种子晒干。

5. 水洗法

根据种子和夹杂物比重不同，分离清选种子。百合科蔬菜采用锤打法脱粒，而葫芦科的西瓜、甜瓜、冬瓜等剖瓜取种子，直接用流水漂洗，将秕粒及杂质漂去，留下饱满种子。漂洗后及时将种子晾干。

（三）蔬菜种子的干燥

种子通过干燥处理，可减弱种子内部生理生化变化的强度，消灭或抑制仓库害虫及微生物的繁殖，达到安全贮藏的目的。

种子的干燥程度，取决于空气湿度和种子含水量。空气湿度低，种子内水分向空气散发的速度快，种子干燥也快。此外，种子的干燥，取决于种子或果实的结构、种子内含物的性质、温度、风速及种子与空气接触面的大小，如温度高、风速大、种子与空气的接触面大，种子干燥快，反之则慢；果实或种子表面疏松、粒小、长形或表面不规则的，容易干燥。相反，种子或果实表面有蜡质层，种子或果实内蛋白质含量高，粒大、呈球形较难干燥。

种子干燥方法有三种：

1. 日光干燥法

将蔬菜种子摊在竹圃或芦席上，在阳光下晒干，注意不能在水泥地上曝晒，以免地面温度过高伤害种子。为加快种子干燥，摊晒时要薄摊，或将种子摊成波浪状，增加翻动次数，可加速水分散发。遇到阴雨天时，空气湿度过大，将种子暂时进行堆藏，上面覆盖防潮物，待天晴朗时再摊开晒干，或在室内薄摊，并经常翻动，以免种子发热变质。

2．机械干燥法

春末夏初多雨季节，空气湿度大，正值十字花科蔬菜及果菜类蔬菜种子采收期，常采用烘干机或风干机干燥种子。

3．红外线干燥法

红外线烘干机以红外线为热源的履带式烘干机，可避免种子烘焦或干湿不匀，能杀菌灭病，种子烘干效率高，同时提高种子发芽率。

（四）蔬菜种子的贮藏与寿命

1．蔬菜种子的贮藏

蔬菜种子都是经过贮藏后才播种的。蔬菜种子经过贮藏后，能否用于播种，决定于种子是否具有较高的活力，与贮藏种子的条件、贮藏时间等也有密切关系。

蔬菜种子进仓前必须了解品种名称、良种等级、含水量、有否检疫性病害等。不同品种、不同年份采收的不同种子级别，应分开贮藏。无论是袋装或罐藏，在包装容器内应注明品种名称、等级、含水量、数量、生产单位和生产日期。

种子进入仓库后，与环境条件形成一个整体。干燥而休眠的种子，生命活动微弱，但没有停止。

蔬菜种子的贮藏方法：

（1）蔬菜种子大量贮藏

①仓库的修建与清理。仓库应选建于地势高燥、排水良好、通风透气的地方。仓库结构应具有保温绝热的隔墙，防潮、防鼠的墙壁和

天花板。如用旧房改建，应彻底清扫仓库上下四周，墙壁、梁、柱、地面裂缝洞穴等，必须剔除洞隙内的种子、虫子、杂物后，清扫喷药、熏蒸，再用水泥、石灰、油灰等砌平，仓库四周清除草堆、杂草等，搞好环境卫生。

②晒场用具消毒。晒场用具包括麻袋、风车、芦席等，必须经常用刮剔、敲打、日晒、水烫等方法进行处理，以防机械混杂和夹带病虫杂菌等。

③仓库消毒。清扫后的仓库及用具等须用敌敌畏、敌百虫等杀虫剂喷洒，消灭残留仓库的害虫。

④仓内装袋与堆垛。蔬菜种子品种多、大多数采用袋装，分品种堆垛，在堆的下面垫木架，有利通风。堆垛排列与仓库同方向，种子包离仓壁50厘米为通道，以利检查和取用种子。

⑤仓库管理。仓库管理主要是保持或降低种子含水量、调节仓库温度，控制仓内害虫与微生物活动，达到贮藏安全，延长种子使用年限。

（2）蔬菜种子少量贮藏

蔬菜种子少量贮藏比较普遍。

①低温、干燥、真空贮藏。一般在农业院校及研究院所使用。人工控制温度、湿度及通气条件（低温、干燥、真空），能降低种子代谢活动，延长种子寿命。

②干燥器内贮藏。在研究院所及种子生产单位采用。将清选晒干的种子放在纸袋或布袋中，然后在干燥器内贮藏。干燥器种类很多，有玻璃瓶、小口有盖的缸、锡罐、铝罐或铁罐等，其特点是小口、大肚密封。在干燥器底部盛放干燥剂，如石灰、氯化钙、变色硅胶等，上放种子袋，然后加盖密封。干燥器存放在阴凉干燥处，每年晒种一次，然后换上新的干燥剂。干燥器贮藏效果好，保存时间长，种子发芽率高。

③整株或带荚贮藏。成熟后的短角果如萝卜，还有果肉较薄、容易干缩的辣椒，可整株拔起；长荚果如豇豆可连荚采下，扎成把。整

45

株或扎成把，可挂在阴凉通风处干燥，至农闲或使用时脱粒。操作方便，但易受病虫危害，保存时间较短。

2．蔬菜种子的寿命

（1）种子寿命的概念

蔬菜种子采收后，在一定的环境条件下，能保持生活力的期限，称为种子的寿命。每一粒种子都有一定的生存期限，当一个种子群体，如一个蔬菜品种同时同地采收的种子，发芽率降低到原来的50%时所经历的时间，称为该种子的平均寿命。如某批番茄种子采收时的发芽率为96%，贮藏5年后降为48%，则说明该批番茄子的平均寿命为5年。

根据各类蔬菜种子寿命的长短，可分为三类：长寿命种子，有蚕豆、番茄、丝瓜、南瓜、西瓜、甜瓜、茄子、白菜、萝卜、莴苣等；中寿命种子，有甜玉米、毛豆、辣椒、菠菜、胡萝卜等；短寿命种子，有葱蒜类种子。种子寿命的长短与品种、采种地区、采种时的质量及种子采后处理等有关。

蔬菜种子寿命与生产上的利用年限有密切关系，种子寿命越长，利用年限越多，但种子寿命不等于种子利用年限。

（2）影响种子寿命的因素

影响种子寿命的因素主要是温度和湿度。

种子的贮藏与寿命，对蔬菜采种具有较大的指导意义。应按计划生产各种蔬菜种子，特别是寿命较短的种子。贮藏前种子的生理状态、清洁度会影响种子的寿命，在进仓前要严格把关，创造良好的贮藏条件，降低温度、湿度，与外界环境隔绝，并定期抽样检查种子的含水量、发芽率等，发现问题及时处理。

六、根菜类蔬菜采种技术

根菜类蔬菜是由直根膨大而成的肉质根蔬菜，包括属于十字花科的萝卜、大头菜（根用芥菜）、芜菁、芜菁甘蓝与辣根等，伞形科的胡萝卜、美国防风与根芹菜，菊科的牛蒡、菊牛蒡与婆罗门参，藜科的根甜菜等，其中栽培最广的是萝卜与胡萝卜。

根菜类属于耐寒性或半耐寒性的蔬菜，但开花结荚期需要较高的温度。萝卜种子发芽适温为20℃~25℃，叶的生长适温为15℃~20℃，肉质根生长适温为13℃~18℃。胡萝卜耐热与耐旱力比萝卜强，种子发芽适温为20℃~25℃，叶生长适温为23℃~25℃，肉质根膨大的适温为20℃~22℃。萝卜叶片大，根群较胡萝卜浅，故不耐旱；胡萝卜根深、吸水力强，叶细碎，耐旱力比萝卜强。萝卜、胡萝卜都要求在长日照条件下抽薹开花，充足的光照，植株生长健壮，肉质根肥大、产量高。

根菜类蔬菜属十字花科的萝卜为总状花序，花色黄、白或淡紫色；胡萝卜为伞形花序，花白色，都为天然异花授粉植物，虫媒花，在采种栽培时，不同品种之间，须严格隔离防杂。在留种地附近，要清除容易杂交的同种野生植物，以保持品种纯度。

（一）萝卜采种技术

萝卜采种栽培在播种当年进行营养生长，次年抽薹、开花、结果、采种。萝卜采种有常规种采种与杂交种采种两种。

1.生长特性

萝卜品种按根形、根色、用途、生长期长短、栽培季节及对春化反应的不同等来分类。萝卜属于种子春化型,不同类型萝卜品种通过春化对环境要求也不相同,萝卜可分为春性系、弱冬性系、冬性系和强冬性系四类。春性系品种在 12.2℃~24.6℃条件下通过春化;弱冬性系品种萌动种子在 2℃~4℃条件下处理 10 天,播种后 24~35 天即现蕾;冬性系品种萌动种子在 2℃~4℃温度下处理 10 天,播种后 35 天即现蕾;强冬性系品种萌动种子在 2℃~4℃条件处理 40 天,播种后 60 天就现蕾。

萝卜为总状花序,花有白色、粉红、淡紫色等。其中白萝卜的花多为白色,青萝卜的花为紫色,红萝卜的花则多为白色或淡紫色,植株的花期为 30~35 天。萝卜为虫媒花,天然异交率较高,采种生产上要采取隔离措施。萝卜的果实为短角果,内含 3~10 粒种子。

2.常规种采种技术

萝卜常规种多采用成株生产原种种子,用小株或中株繁殖生产用种子。

(1)成株采种技术

①采种地选择。萝卜采种地选择与白菜类蔬菜相似,大型品种进行成株采种时,要选择耕层深厚的土壤,同时要加强不同品种相互间的隔离。

②播种期。成株采种播种期比大田生产栽培稍迟,种株通过选择后,能保持品种优良性状,但成本较高。早熟种萝卜品种,在春季成株采种生产原种,以便于选择春季早熟而不易先期抽薹的植株,当年可采收种子。

③选择种株。种株的选择标准应具有原品种的特性,肉质根肥大而叶簇较小、皮色鲜而根痕小、根尾细、肉质致密、不空心的种株;水果萝卜要选味甜多汁的种株。种株的处理方法是长萝卜切去下部的

肉质根，仅留上部 7~14 厘米肉质根，可方便操作，也有利发根、生长。经过处理后的种株，在室内放存 2~4 天，不要堆放得太厚，当伤口基本愈合后，即可定植。

④栽植种株。次年天气转暖后，尽早栽植种株。栽植时将肉质根埋入土内 2~4 厘米，长形品种可斜种，心叶朝南、肉质根向北。栽植行、株距保持 50~65 厘米 × 40~60 厘米。

⑤支架、摘心。当种株肉质根抽薹开花时，在植株附近插 1 米高的支柱，将花茎轻轻缚在支柱上。当种株开花达八成时，各花枝先端摘心，促进养分集中到种荚内，可获得充实的种子。

（2）中株采种技术

中株采种的播种期，比大株采种晚 15~30 天，在 9 月下旬至 10 月中旬播种，11 月下旬至 12 月上旬选择种株，将植株挖起选择，定植密度株距为 30~45 厘米、行距 45~60 厘米，其他处理与大株采种相同。中株采种种子产量较高、成本较低。

（3）小株采种技术

萝卜小株采种在 11 月下旬 ~12 月上旬直播大田，生长期间进行间苗、淘汰劣苗、杂苗、病虫苗，小型萝卜株距 10~15 厘米，大型萝卜株距 20~35 厘米。播种早、植株大，留苗稀；播种迟，植株小，留苗密。小株采种植株生长期短，管理简易，种子产量较高，成本低，但未经成株选择，对种性及纯度会有影响，故直接提供为生产用种。

3. 杂交种采种技术

萝卜杂交采种有两种方法，即利用雄性不育系配制杂种与利用自交不亲和系配制杂种。

（1）利用雄性不育系配制杂种法

利用雄性不育系配制杂种子时，需同时设置两块采种田，一块田是配制杂交种子、同时收获父本种子，另一块田是繁殖雄性不育系和保持系种子。

①播种。将种子按要求数量准备好后，在1月初，先将雄性不育系提早7~10天播种，然后才播种保持系和父本。

②定植。3月中、下旬，幼苗长出7~10片真叶时，通过春化阶段。

配制杂交时，要求不育系和父本系按3∶1配比，行距50厘米，株距不育系25厘米，父本35厘米，每亩不育系用种子60克，父本系种子20~25克左右。结实后分别收获杂交种子和父本种子。

繁殖不育系和保持系时，不育系2行配置保持系1行，亲本繁殖田与配种田要相隔1000~1500米距离，结实后分别收获不育系和保持系种子。

③授粉。萝卜属十字花科异花授粉蔬菜，以野蜂和野蝇传粉为主，如用人工辅助授粉，可在一根绳子上，按株距挂缚鸡毛簇，两人在采种地的一端向另一端移动，每天上午2~3次，对萝卜有辅助授粉的效果，增加种子产量。

（2）利用自交不亲和系配制杂种法

为降低生产成本，以一个单交与一个自交不亲和系配成三交种子，或以两个单交配成双交种作为生产用种。萝卜自交不亲和系的结实力较差，种株所占营养面积较大，利用三交或双交时，作为亲本的杂交种子是天然杂交的，可节省人工。配制三交种子或四交种子时，亲本都是完全纯合的稳定材料，可用"籽打籽"的方法生产杂交种子。

①播种。幼苗能越冬的在晚秋播种，较冷凉的地带可进行春播。挑选春播播种期应看当地天气情况，播早了幼苗有受冻危险，播晚了幼苗太小，春化阶段未完全通过，造成抽薹、开花时间不整齐，后期高温来临时，种株不能充分生长发育，茎叶易变黄，种子产量降低。

②亲本配比。在田间安排亲本比例时，三交种子2份配自交不亲和系1份。对需要的母本可多播一些，最大比例可达3∶1。在田间按行轮回播种。如果两亲本的杂交种子相近、生产种子能力接近时，可

用数量相等的种子混播。

③采种。收获期在 6 月下旬到 7 月初，种株有 70% 以上变黄和种荚变黄时，用镰刀齐地面收割种株，每 2~4 株扎成捆，挂在架上干燥，经过 7~10 天后熟作用后，再进行脱粒，要做到单收单打。

萝卜种荚不易开裂，在未干燥前对种荚强行脱粒，会挤碎、挤伤种子，影响发芽。但种荚过分干燥脱粒时，种荚与种子则不易分开。晒种子时不要将种子放在金属器皿中，更不能摊在水泥地上，以免种子在高温下热伤而失去发芽力。如种子采用烘干时，温度不得超过 35℃。将种子晒干或烘至含水量达 6~7% 时即可收藏。

萝卜种子为赤褐色，依品种不同，颜色有深浅之别，红色品种的种子颜色淡，白色、青色萝卜品种的种子颜色深。每一荚果有种子 3~10 粒，种子外形为不正球形（图 7），千粒重 7~16 克。双交种子只有单一品种产量的 70%，每亩可收杂交种子 35~70 千克。

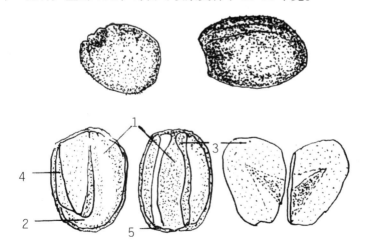

图7　萝卜种子的外形与剖面

（上）外形　（下）种子剖面

1.胚根　2.胚轴　3.子叶　4.胚芽　5.种皮

（二）胡萝卜采种技术

胡萝卜又叫丁香萝卜，药性萝卜，属伞形科二年生蔬菜，原产中亚西亚一带，全国南北各地普遍栽培。胡萝卜优良品种具有叶丛小、肉质根肥大、多汁、表皮光滑、形状整齐、不开裂、不分叉、韧皮部厚、木质部细、肉色橙红及不易抽薹等特性。胡萝卜按肉质根皮色可分为红、黄、紫色三种，依肉质根形状可分长圆柱形，长圆锥形和短圆锥形三类。

1. 生长特性

胡萝卜为复伞形花序，着生在每个花枝的顶端。每个小伞形花序有 10~160 朵花处于总苞内。雌雄同株，异花虫媒授粉。花多为两性花，也有单性花。通常在早晨开花，约经一昼夜即可受粉，一般雄花开花比雌花早，同一株主茎上的花序比侧枝上的花序先开放，每一花序的花是由外围向内逐渐开放，每个小伞形花序花期持续 5 天，一个复伞形花序全部开完需 14 天左右，全株各花序全部开完约需一个月。

胡萝卜种子发芽适温为 20℃~25℃，茎叶生长适温 23℃~25℃，幼苗生长可耐较长时间 27℃以上的高温，肉质根膨大期适温为 13℃~18℃。胡萝卜属绿体春化蔬菜，植株生长到一定大小后，在 1℃~3℃条件下，经 60~80 天即可通过春化，在长日照条件下抽薹、开花，适温为 25℃左右。

胡萝卜采种有成株采种和小株采种两种，成株采种用于原原种和原种的采种，而小株采种则用于生产用种的采种。

2. 成株采种技术

（1）种株选择

胡萝卜成株采种播种期与菜用栽培相同，于8月播种，当肉质根充分膨大时，可根据肉质根的品种特征，选择植株健壮、叶片较少、根须较细、表面光滑、颜色鲜艳、四排须根排列整齐、根形端正为母株，将叶片剪短，留10~15厘米叶柄，然后可直接栽植留种田。但在寒冷地区，需到翌年3月才能栽植，栽前再选择一次，除去病虫株、腐烂株及受损伤的种株，选好的种株将母根切去四分之一至三分之一尾部，选择肉色鲜艳、心柱细的母根，淘汰颜色杂、中心柱粗的种株。

（2）种子采收

胡萝卜种株的分枝力强，为了促进籽粒实饱满，提高种子发芽率和大粒种子的百分比，在抽薹后应进行整枝，每株仅选留3~4个侧枝，剩余侧枝全部摘除。主枝先开花，种子质量最好，以下各侧枝依次开花。为防止倒伏，要设支架，在主茎处设一个立柱，自上部引绳牵拉各侧枝，或在相应高度架成"井"形框架固定各个侧枝。

种株在4~5月间开花，气温在20℃~25℃之间，正适宜开花授粉，到6月下旬至7月中旬即可成熟、收籽。当花序变成褐色，外缘向内翻卷，花序下部茎节开始失绿时即可采收，可一次采收，也可分批采收。用剪刀剪下、进行晾晒，干燥后将籽打下，继续晾晒2~3天，搓去毛，进行贮藏，注意防潮，使种子含水量不超过14%，亩产种子75千克左右，种子千粒重约2克，种子在适宜条件下可以贮藏4年左右。

胡萝卜种子在果实内较小，果实为瘦果，成熟时为两粒小果，长卵形，长3毫米，厚0.2~1毫米，宽约1.5毫米。表面有4~5棱，上被覆细刺毛（图8），灰色。

3. 小株采种法

胡萝卜小株采种在9月下旬播种，按行距45~65厘米条播，或行距50~67厘米、株距20~30厘米穴播，11月进行疏苗，条播按17厘米株距留苗，穴播每穴留苗2~3株。翌春抽薹开花，抽薹前进行定苗，

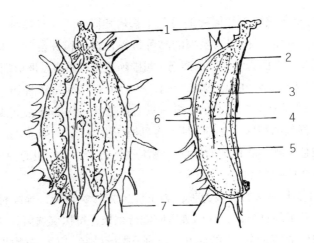

图8 胡萝卜种子的外形与剖面
1.花柱残余 2.胚根 3.子叶 4.胚芽 5.胚 6.种皮和油腺 7.刺毛

条播株距33厘米,穴播每穴留一株苗,7月即可采收种子。

小株采种法,种株肉质根未经过选择,但无移栽造成的损伤,植株生长健壮,种子产量较高,亦较省工,但未对母根进行选择,品种纯度、种子质量不如成株采种种子好,只能做生产用种。

在胡萝卜采种生产上,常用成株采种法繁殖原种,以小株采种法繁殖生产用种,这样能获得高质量和高产量的种子,同时又降低种子生产成本。

七、白菜类蔬菜采种技术

白菜类蔬菜起源于我国，包括结球白菜（大白菜）和不结球白菜（普通白菜）两个亚种，而菜薹是不结球白菜的一个变种。白菜类蔬菜基本染色体是 n ＝ 10，相互间能杂交结实。

白菜类属十字花科芸薹属蔬菜，性喜冷凉的气候，生长适温为 10℃ ~25℃，苗期生长温度为 20℃ ~28℃，叶片肥大期（莲座期）以 18℃ ~22℃为宜，结球期在 10℃ ~20℃之间。结球白菜能耐轻霜，普通白菜耐寒、耐热力较强。结球白菜以不低于 –2℃为宜，在 –5℃ ~–8℃时叶片易受冻害，不能恢复生长。普通白菜对温度的适应性比结球白菜广，耐热、耐寒能力较强，在 –2℃ ~–3℃时，能安全越冬，如塌菜类能耐 –8℃ ~–10℃的低温，经轻霜后味更甜美。白菜类对光的要求在 10000~15000 米烛光之间，南方、北方地区均能满足。白菜类以肥大的叶片或叶球供食用，对水分和养分要求较多，因此浇水、施肥要适时适量，才能获得较高产量。

白菜类蔬菜按对低温感应可分为四类：一为春性品种，在 0℃ ~12℃间，不到 10 天或不经低温条件下均能通过春化阶段，在南方自然条件下，全年均能抽薹开花；二是冬性弱品种，在 0℃ ~12℃间经过 10~20 天才能通过春化阶段，而后抽薹开花；三是冬性品种，需在 0℃ ~9℃条件下经 20~30 天才能通过春化阶段。四是冬性强品种，需在 0℃ ~5℃间，经 40天以上才能通过春化，是白菜类蔬菜对春化要求最严格的一类。

白菜类蔬菜在抽薹、开花结实期间，对温度、光照、水分和养分的要求较严格。白菜类蔬菜栽植留种株和采收种子多在上半年，对温度变化的要求是从低到高，但不能超过 28℃或 30℃。种株抽薹、开花前要求扎根和生长基生叶，温度以 10℃ ~20℃为宜。进入开花期后，以保持 20 ℃ ~25 ℃为好，有利花粉成熟和雌蕊授粉、受精结实。白菜类蔬菜开花期要求天气晴朗，相对湿度为 50%~70%。

（一）结球白菜采种技术

结球白菜亦称大白菜、黄芽白、包心白。结球白菜营养丰富，适应性广，易栽培，产量高，品质好，耐贮藏。结球白菜南、北方均有栽培，种质资源丰富，品种多。

1. 结球白菜花器构造与开花结实习性

结球白菜为总状花序，单株开花数有 1000~2000 朵，完全花。每朵花由外向内依次为：萼片 4 枚，呈"十"字排列的花瓣 4 枚，雄蕊 6 枚，4 长 2 短，雌蕊一枚，生于花中央，子房上位，两心室，内生多个胚珠，果实为长角果。

白菜类属低温长日照、异花授粉、虫媒花蔬菜。结球白菜第一年秋季形成叶球，经过冬季，完成春化阶段，在第二年开花、结实。结球白菜对春化条件要求不严，萌动种子经低温即可通过春化阶段。有较强的自交不亲和性和明显的自交退化现象。

结球白菜开花顺序是主枝上的花先开，然后是一次侧枝、二次侧枝，依此类推。每个分枝开花顺序是自下而上进行。单株开花期为 20~30 天，每朵花的开花期约 3~4 天，经昆虫传粉完成授粉和受精。从开花结实到种子成熟需 25~55 天，每个角果结种子 20 粒左右。

2. 结球白菜品种退化的原因

结球白菜品种退化表现为结球率降低、未熟抽薹率提高，结球期不整齐，产量降低，品质下降，抗逆性较弱等。结球白菜品种退化的主要原因是在收获、采种等环节的机械混杂、品种异质基因的分离、采种开花期隔离不严及产生天然杂交等。

3. 结球白菜常规种采种技术

结球白菜常规种原种生产多采用成株留种，所得种子即为原种，再用原种种子采用小株采种，所得种子为生产种。

（1）结球白菜采种方法

结球白菜采用成株采种法和小株采种法两种方法。

①成株（或叫母株、大株）采种法。结球白菜在秋季播种，初冬形成叶球，选择生长强健、具有原品种特征的植株，连根带球挖出假植越冬，翌春栽植于采种田，使之抽薹、开花、结实。成株采种栽培技术与生产田栽培基本相似，但要适当推迟播种期、合理密植、加强肥水管理。成株采种法需经过结球阶段，对种株进行严格选择，能保证品种的种性和纯度，种子质量高，生产的种子为原种。但种子产量低，生产成本较高。

②小株采种法。结球白菜正在生长的植株，尚未形成叶球，开花结实所产生的种子，即为生产种。小株采种法占地时间短，种子生产成本低，但未经过叶球的选择，种子质量比成株采种低。

（2）结球白菜采种技术

①种株选择。结球白菜种株的栽培与秋播大白菜生产基本相同，但可适当迟播、密度稍增大、增施磷钾肥、后期控制浇水及提前采收。在种株收获前10天左右，根据株高、叶片形状、色泽、刺毛、叶球形状、结球性等，选择具有本品种性状，无病虫为害的优良植株作种株，插上标杆。

②种株处理。在种株定植前15~20天进行切头，种株切头是从根茎处往上15~20厘米切去叶球上部，用三刀切成斜锥状或一刀平切（图9），以利于新叶和花薹抽出。

③种株定植与种子采收。在种株定植后肥水管理以"前轻、中促、

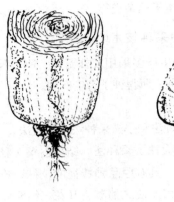

图9 结球白菜种株切头方法

左：一刀平切法　右：三刀斜切法

后控"为原则。在种株主干和第一、二侧枝上的果荚变黄时，在清晨一次性收获，经晾晒后熟2~3天后脱粒，种子含水量降至9%以下即可入库贮藏。

4. 结球白菜"叶—芽"扦插繁种技术

由原浙江农业大学李曙轩、叶自新等研究成功，用成株叶柄带上腋芽进行无性扦插繁殖方法，使优良单株能够很快获得较多的采种量，扩大繁殖系数。

（1）选择种株和切取"叶—芽"

在田间选择优良种株后，贮藏7~10天。因贮藏过久，叶柄基部易形成离层。在12月间将叶球外层的10片叶去掉，选留内层的第11~40片叶，用刀切取带有中肋腋芽和部分内茎，称作"叶—芽"。中肋长4~6厘米，宽2~4厘米，以提供给幼小植株生根、发芽所需的营养物质。

（2）浸沾药液促进生根

将"叶—芽"中肋部在萘乙酸或吲哚丁酸1000~2000毫克/升的生长素水溶液中，浅沾一下茎的切口，然后将沾了生长素的"叶—芽"中肋，扦插在培养基质蛭石或珍珠岩中。

（3）"叶—芽"长成小株

"叶—芽"扦插到基质后，上面覆盖塑料薄膜，保持温度20℃~25℃，湿度85%~95%，开始要遮光常浇水，维持基质湿润。经10~15天后"叶—芽"开始生根、发芽，1个月后长成小苗，即可栽植到采种田，长成采种小株（图10）。

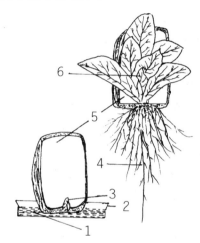

图10 结球白菜"叶-芽"扦插培育的采种新株
1.1000~2000毫升/升萘乙酸或吲哚丁酸溶液
2.培养皿 3.腋芽 4.新根 5.中肋 6.新株

（4）"叶—芽"扦插采种效果

每株结球白菜的叶球，经扦插处理后，可长成采种新株30株左右，每一新株可采收种子10~15克，与一般大田小株采种量差不多，每一叶球可收种子400~450克，提高采种量10倍以上。

5. 结球白菜杂交种采种技术

结球白菜杂交采种主要利用自交不亲和性为主，还有利用雄性不育两用系及三系配套制种。

（1）繁殖自交不亲和系原种的方法

自交不亲和系是十字花科蔬菜特有的一种遗传性状，在种株开花期间，它本身的花粉不论授予自身的雌蕊花柱上，或本系内其他花的花柱上，均不能结实或结实很少。当种株与其配合力强的另一自交不亲和系的花粉相遇时，很容易杂交结成种子。两个自交不亲和系杂交而得的杂交种，称作单交种。另外，尚有双交、三交杂交种。

自交不亲和系开花后，自交不亲和、自交不结实，但在蕾期授粉仍可正常结实。在繁殖时采取措施，防止自交结实，方法有蕾期剥蕾授粉法和花期溶液喷雾法两种。

①剥蕾授粉法。结球白菜自交不亲和系的繁殖可采用成株采种法，栽培管理同常规品种的原种生产。自交不亲和系的种株多定植在大棚等设施内，以便用纱网隔离。蕾期授粉的最佳时期为开花前 2~4 天。剥蕾时，用左手捏住花蕾基部，右手用镊尖轻轻打开花冠顶部或去掉花蕾尖端，使柱头露出，用毛笔尖蘸取当天或前一天开花的花粉，涂在花蕾柱头上。剥蕾授粉以上午 10~12 时效果最好。剥蕾授粉法生产种子成本大，种子纯度高，适于不亲和系的原种生产。

②盐溶液喷雾法。在开花期每隔 1~2 天，用 3%~5% 食盐水喷雾，要尽量喷到柱头上，造成乳突细胞失水收缩，促进自交结实（表 1）。

（2）杂交种采种法

结球白菜杂交种采用小株采种法，四周间距 1000 米 ~2000 米。杂交双亲的育苗、定植、田间管理等技术，同常规品种小株采种法。

①父母本行比。若父母本均为自交不亲和系，正、反交的杂交种在经济效益和形态性状上相同时，可采用父母本 1∶1 播种、定植，父母本上的种子均为杂交种，可混合收获、脱粒。

若父本为自交系，母本为自交不亲和系，则父母本按 1∶4~8 的行比播种、定植，只收母本行上的杂交种子脱粒，用于生产。

表1　结球白菜用3%~5%盐水喷花的种子数（粒/荚）

日期	品种234		品种296	
（月/日）	盐水	对照	盐水	对照
4/21	6.3	0.3		
23	4.0	0.1		
25	6.6	0	6.5	3.1
27	0.3	0.06	4.0	8.2
30	1.6	4.0	10.9	7.9
5/2	1.3	0.05	19.8	11.0
5	0.3	0.2	17.4	8.5
7	0	0.2	11.7	8.0
10			10.7	9.0
平均	2.6	0.6	11.6	8.0

②父母本花期调节。父母本花期相遇是制种的关键因素，提高杂交种产量的重要环节。根据父母本从播种，到开花的天数进行播期调节。早开花的亲本晚播，晚开花的亲本早播，使花期相遇。

田间管理调节。在生长过程中，对开花早的亲本，培施氮肥，摘心，促进分枝，延迟开花；对开花晚的亲本，叶面喷施磷酸二氢钾，促进早开花。

③放蜂授粉。为使授粉充足，开花期放养蜜蜂，可提高授粉结实率和制种产量。

④适期收获。结球白菜种子成熟期在5~7月。当种株上的种荚大部分变黄、种株下部叶片枯黄，在清晨露水未干时收割，然后将种株运至晒场上晾晒3~5天，打落种子后，扬净晒干、收藏。在阴雨天或寒冷地带，种荚变色缓慢，有的种株需在青熟后期收割，运至风干室进行后熟，随后再行脱粒。

结球白菜种子产量小株采种较高，每亩可收80~130千克，成株采种较低，约收 50~80 千克。每克种子 250~400 粒。种子多为不正形圆粒，颜色由浅褐色转变成深褐色。

（二）普通白菜采种技术

普通白菜又称不结球白菜，其株型直立或开展。按成熟期、抽薹期和菜用播种季节，可分为秋冬白菜、春白菜及夏白菜三类。秋冬白菜一般早熟、耐寒性较弱，2 月即可抽薹；春白菜耐寒性较强，播种后次年 3~4 月抽薹；夏白菜又称"火白菜"，具有抗高温、雷暴雨和病虫害能力。普通白菜属种子春化型蔬菜，在长日照、温暖的环境条件下抽薹开花，按对低温感应不同，将普通白菜分为三种类型：

弱冬性类型。在 0 ℃ ~12 ℃温度下，经 10~20 天通过春化阶段，如杭州瓢羹白菜、南京矮脚黄、上海矮萁白菜等。

冬性类型。在 0 ℃ ~9 ℃温度下，经 20~30 天通过春化阶段，如杭州晚油冬、南京瓢儿菜、上海二月慢等。

冬强性类型。在 0 ℃ ~5 ℃温度下，经 40 天以上才通过春化阶段，如杭州蚕白菜、南京四月白、上海四月慢等。研究表明，对春化要求严格的白菜品种，对长日照要求也严格。

普通白菜于 8~9 月播种，当年 11~12 月间开始花芽分化，而冬性弱的品种，当年可抽薹开花，但大多数品种要到翌年 2~4 月气温回升、日照延长的情况下，才抽薹开花。

1. 常规种采种方法

普通白菜常规种的采种，与结球白菜基本相同，用来做种的种株也分为成株、半成株和小株等。

（1）成株采种

成株采种在秋季适期播种，长江流域在 9 月上旬播种，10 月上旬的定植，11 月选择生长健壮具有品种特征、特性的植株做种株，按 60 厘米 ×40 厘米的行株距栽于采种田内，冬季在根际培土防寒。对不耐寒的长梗白菜，可切除上部叶片或将叶片束起，在霜冻前覆草保温。成株采种所得种子为原种种子，可保持优良种性，防止退化。

（2）半成株采种

半成株采种的播种期推迟至 10 月上中旬播种，11 月下旬到 12 月上旬定植到采种地里，行株距 20 厘米 ×20 厘米。翌年初春可隔行、隔株采收上市，选留植株生长健壮、符合品种性状的植株留种。此种采种方法成本低，种子产量较高，但选择不及大株采种严格，可作大田生产用种。

（3）小株采种

利用白菜种子在萌芽后可通过春化的特点，长江流域常用春播小株采种的方法。在 2 月上中旬播种，出苗后选优去劣 1~2 次，3 月上旬以 18 厘米 ×18 厘米的行株距定苗或移栽到留种田。5 月下旬至 6 月上旬采收种子。

2. 利用雄性不育两用系采种技术

"雄性不育两用系"就是指同一系统既可作不育系用，又可作保持系用。由一对隐性基因控制的不育性，用不育株作母本，杂合可育株作父本，从不育株上收获的种子播种后，群体内能稳定出 50% 的不育株和 50% 的可育株。这样的雄性不育系称为"雄性不育两用系"，简称"两用系"。利用雄性不育两用系制种需要三个采种隔离区，即两用系繁殖区、父本系繁殖区和一代杂种制种区。

（1）两用系繁殖

两用系的繁殖是在隔离区内，采用大株留原种、小株扩大繁殖的两级留种法。大株采种的播种期与菜用栽培相同，3 月上中旬抽薹，3 月中下旬到 5 月上旬开花，5 月中下旬从不育株上采收的种子即为两用系种子。在采种过程中，应在商品成熟期进行选择，淘汰异品种株和变异株，盛花期前在不育株上作标记，以方便采收不育系种子。小株采种必须用上述所采收的种子播种，1~2月上旬于冷床、小棚或露地育苗，3月中下旬定植，4月上中旬抽薹，4月中下旬开花，5月上中旬盛花前以不育株做标记，6月上旬在不育株上采收两用系种子。两用系种子供作配制杂交种子母本之用。

（2）父本的繁殖

父本经过系选获得优良株系，用成株或半成株繁殖采种，获得纯正的种子。

（3）杂交种配制技术

利用雄性不育两用系生产杂交种种子，采用小株或半成株采种法获得，以降低种子的生产成本。利用小株采种亲本在2月上中旬露地播种育苗，最好于1月下旬在冷床或小棚育苗，促进幼苗生长。父本与两用系（母本）的苗床为1：6。为使花期相遇，预先采用错开亲本播期或进行春化处理的方法。采种地要注意严格隔离，开花前拔除1000米以内的其他白菜品种或大白菜、白菜型油菜等种株。3月中下旬秧苗有4~6片真叶时定植，父本株距20厘米，两用系10厘米，父母本的种植行的比例为1：3。幼苗成活后要用肥水促进早发棵，发大棵，还要注意防治病虫害，以提高种子产量。当两用系进入初花期（4月中下旬），最关键是要分期严格拔除两用系内的可育株，一般隔1~2天拔一次，并将不育株摘心作标记，既可节省时间又隔1~2天拔一次，并将不育株摘心作标记，即可节省时间又可延长花期，经5~7天可育株拔净，任不育株与父本系自由授粉。父本抽薹后，应做标记，以方便采收杂交种种子。在5~6月，当角果有80%的成熟度时及时采收，先收两用系不育株上的种子（即杂交种），然后再收父本种子，以免混杂。种子产量每亩可收40~80千克。

八、甘蓝类蔬菜采种技术

甘蓝类蔬菜起源于欧洲地中海沿岸，栽培历史悠久，形成许多变种，如结球甘蓝、花椰菜、球茎甘蓝、抱子甘蓝和木立花柳菜等。

甘蓝类蔬菜形态上差异很大，但染色体都是 n ＝ 9，在蔬菜分类上列为甘蓝类的不同变种。

甘蓝类蔬菜是一、二年生低温长日照蔬菜，喜温和冷凉气候，不耐炎热与寒冷。甘蓝由绿色植株体通过春化阶段，要求幼苗生长到 3~10 片真叶、直径达到 0.6~1.6 厘米，才能感应 0 ℃ ~15 ℃较低温度，经 30~50 天后完成春化阶段。花椰菜对低温感应较弱。甘蓝类蔬菜对光照要求不严格。

现重点介绍甘蓝（结球甘蓝）和花椰菜的采种技术。

（一）甘蓝采种技术

甘蓝为结球甘蓝的简称，又叫卷心菜、包菜、洋白菜，属于甘蓝种中能形成叶球的二年生蔬菜，是十字花科芸薹属甘蓝种内的一个变种。甘蓝适应性广，抗逆性强，产量高，耐贮运，在蔬菜周年供应中占有重要的地位。

甘蓝播种当年形成叶球，经低温春化阶段，在较长的日照下通过光照阶段，才能进行花芽分化，抽薹、开花、结籽。甘蓝属于绿体春化型的蔬菜，能否通过春化与幼苗大小、低温程度与持续时间及因品种而异。甘蓝通过春化阶段所要求的温度是 0 ℃ ~12 ℃，时间 40~60 天。一般早熟品种冬性较弱，幼苗较小时就可通过春化，且通过春化的温度较高，持续时间较短；晚熟品种则正好相反。

1.甘蓝花器构造与开花结荚习性

（1）甘蓝花器构造

甘蓝为复总状花序，有 2~4 级分枝，每枝上有 800~2000 朵花。花为完全花，有花萼 4 片，"十"字形黄色花瓣 4 枚，雄蕊 6 枚，为四强雄蕊，雌蕊 1 个，位于花的中央，两心皮，内生 26~30 个胚珠。

（2）甘蓝开花结荚习性

开花顺序是先主薹、后一级分枝、再二级分枝、三级分枝，所有花序上的花均由基部向末端依次开放。一个花序上每天开 2~5 朵花，多数在上午 11 时左右开放，少数在下午开放。甘蓝花粉和柱头的生活力均以开花当天最强，柱头开花前 6 天至开花后 2~3 天均有接受花粉能力；花粉在开花前 2 天至开花后 1 天都有生活力。从授粉到受精需 36~48 小时，从开花到种子成熟需 50 天左右。果实为角果，每个种荚内有种子 20 粒左右。种子为圆形，红褐色或黑褐色，千粒重 3.3~4.5 克。

2.甘蓝原种采种技术

甘蓝原种采种多采用母系选择法进行提纯的成株采种。早熟品种秋季稍晚播，以防收获前叶球开裂；晚熟品种早播，使叶球生长充实，有利于性状选择，田间管理措施同商品菜生产。在莲座期和结球期分别选择和标记具有品种典型性状：外叶少、叶球紧实的优良单珠，在收获前再复选一次，将选中植株的叶球连根挖出，栽到留种田或进行假植。

翌年春天定植，定植前挑选成株，用十字形交叉法割开叶球，或割去部分叶球，切开另一半留在根基上的叶球（图 11），以利于花薹抽出。在隔离条件下自然授粉，种子成熟后分株采种编号。秋季分株系播种定植，建立母系圃，分期选择母系内和母系间均表现整齐一致、商品性优良的母系数个，把选择的母系挖出后，分系定植于采种田，在隔离条件下，让母系间或母系内自然授粉，种荚开始变黄时及时混

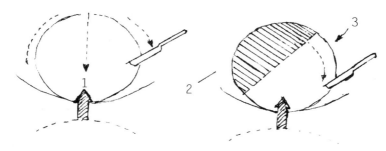

图11 甘蓝叶球切割法

左：交叉切割法　　右：部分切割法

1.生长点　2.割去部分　3.切开保留部分

合收获，晾晒 2~3 天。后脱粒即为原种。

3. 甘蓝良种采种技术

甘蓝良种采种多采用半成株采种法。此法在秋季适当晚播，冬前长成半包心的松散叶球越冬，要求早熟品种茎粗 0.6 厘米以上，最大叶宽 6 厘米以上，具有 7 片以上真叶；中晚熟品种茎粗 1 厘米以上，最大叶宽 7 厘米以上，具有 10~15 片以上真叶。冬前收获叶球贮藏或定植越冬，第二年春季采种。其他田间管理同成株采种。此法占地时间短，生产成本低，种株发育好，种子产量高。

4. 甘蓝杂交种采种技术

甘蓝是雌雄同花的异花授粉蔬菜，具有自交不亲和的特性。利用甘蓝自交不亲和系进行杂交制种，种子纯度高，整齐度好。

自交不亲和杂交制种技术与常规品种种子生产技术基本相同，主要区别在于自交不亲和系的繁殖需要进行蕾期授粉才能获得种子。

（1）自交不亲和系的繁殖

利用自交不亲和系配制杂交种子，单交种是由 A 和 B 两个不亲和系配种时，A 和 B 都是自交不亲和的，而 A×B 和 B×A 均是异交亲和的。

三交、四交种（或F1）要求系内自交不亲和,而亲本（或F1）间异交亲和。

①繁殖要求。在温室或大棚进行繁殖,株行距30厘米×30~40厘米,或宽窄行定植,宽行100厘米,窄行33厘米,株距33厘米。为保证原种纯度,在抽薹开花期间,根据本株系开花特性对种株进行选择。

②蕾期授粉。蕾期授粉是自交不亲和系繁殖的主要技术措施:第一选用适龄花蕾授粉。蕾期人工授粉的最佳蕾龄是开花前2~4天的花蕾,即从花序最下一朵花向上数5~20个花蕾,授粉后结籽多。第二采用适龄花粉授粉。花粉日龄不同,授粉后的结籽数也不相同,用开花前1天到后1天的花粉授粉,结籽最多;而开花后2天的花粉授粉,结籽数量显著降低;开花前2天或开花后4天的花粉授粉,几乎不结种子,蕾期授粉最好用开花当日的新鲜花粉。第三要用混合花粉授粉。甘蓝是典型的异花授粉蔬菜,若自交不亲和系长期自交繁殖,必然导致生活力衰退;为减缓退化,蕾期人工授粉时,应选用本系统的混合花粉授粉,尽量避免单株自交。第四隔离条件下授粉。种株进入始花期之前,温室可用纱网逐渐代替薄膜,阳畦用纱网罩住,防止花期天然杂交。在进入授粉场地前,用70%的酒精擦洗手和授粉工具,防止人为花粉污染。授粉时,先用镊子将开花前2~4天的花蕾剥开,露出柱头,用授粉棒蘸取本系统混合花粉,轻轻涂抹在柱头上。授粉过程要认真仔细,防止拉断花枝、碰伤柱头。

繁殖自交不亲和系种子,除蕾期授粉外,在花期喷5%的食盐水可克服自交不亲和性,提高自交结实率。

（2）杂交种采种技术

甘蓝杂交制种有露地制种和保护地制种两种方法。这里重点介绍露地制种技术。

①制种田的选择及播种。甘蓝为虫媒花异花授粉蔬菜,制种田必须选择轮作的地块,空间隔离必须在1000米以上。在用中熟或中晚熟品种自交不亲和系进行制种时,于7月下旬至8上旬播种育苗;早熟

或中熟品种自交不亲和系制种时，可于8月上旬播种育苗。如果父、母本都是自交不亲和系，则按1：1的行比定植，行距60厘米，株距30~40厘米。早春定植，由于气温、地温均较低，种株应带土块。

②适期定植。露地定植时间为3月中旬，将两个亲本以1：1、1：2或1：3的配比栽植田间。1：1可采用1行一个亲本的方法轮回栽植，也可以采用一株隔一株栽植。1：1用于亲本是两个自交不亲和系，正、反交差别不大，种子适宜混收。采用1：2配比是一个亲本比另一个好，多收较好亲本的杂交种子。利用1：3的配比时，要注意到作为1的亲本的花粉量是否够用，否则达不到预期目的。

③花期调节。双亲花期相遇是确保制种产量和质量的前提。为使花期相遇，可采取以下措施。

利用半成株采种法制种或提前切球。开花晚的圆球类型亲本，采用半成株采种法可比成株采种法花期提早3~5天，圆球类型的亲本冬前结球，可提早切开叶球，有利于翌年春天提早开花。因此，可根据双亲花期的迟早，将开花晚的亲本采用半成株或小株采种育苗。

通过整枝调节花期。当双亲的花期相差7~10天时，可将早开花的亲本主茎和一级侧枝的顶端掐掉，以促进二、三级分枝的发育，使2~3级分枝的花期与另一亲本相遇；如果双亲花期相差不多，只将开花早的亲本的主茎掐掉即可；如果仅末花期不一致时，可将花期长的亲本花枝末梢打掉。

④田间管理。制种田的肥水管理与生产田相同。

去杂去劣。为了确保种子纯度，分别在分苗、定植、割球前、抽薹、开花前严格去杂去劣，重点是在开花前进行去杂去劣。

搭支架。在3月下旬至4月上旬花茎高1米时，用竹竿或树枝等搭架，防止倒伏，提高制种产量和种子质量。

放蜂传粉。开花期放蜂授粉，以每亩1箱的密度分开摆放，以提高杂交制种产量。

⑤采收种子。甘蓝在花后约 60 天，当种荚转黄、荚内种子变褐时，是收种株的适宜时期。若双亲均为自交不亲和系，正反交差别较小时，种株可混收。若双亲成熟期相差较大，或一个亲本不亲和性差时，要按不同亲本单收种株。并分别在种株采收过程中，注意清除有菌核病的植株。种株采收后进行晾晒，在干燥环境下，后熟 10 天左右，然后脱粒清选。

（二）花椰菜采种技术

花椰菜又名花菜、菜花、是甘蓝的一个变种，以肥大的花球供食用。

花椰菜按生育期长短可分为早熟品种、中熟品种和晚熟品种。早熟品种苗期 28 天左右，从定植到采收 40~60 天，早熟品种对低温春化的要求不严格，幼苗茎直径 8 毫米左右即可感受低温，完成春化过程；中熟品种的苗期 30 天左右，从定植到采收约 80~90 天，冬性稍强，幼苗茎直径达 10 毫米时，可感受低温完成春化过程；晚熟品种从定植到采收 100~120 天以上，植株较高大，耐寒性及冬性较强，幼苗茎直径 15 毫米以上才可感受低温，通过春化阶段。

花椰菜花球形成的适温为 15 ℃ ~20 ℃，花球是一团压缩的花原基，在花序上没有叶片。花椰菜在花球形成后，花枝的顶端继续分化形成正常花蕾，各级花梗伸长，然后抽薹开花。通常只有部分花枝顶端的花蕾正常开花，多数干瘪或枯萎。花椰菜为总状花序，属于异花授粉蔬菜。果实为长角果，每果含种子 10~20 粒，种子千粒重 3.0~3.5 克。

花椰菜采种方法有常规品种成株采种、小株采种和杂交种采种三种。

1. 常规品种成株采种技术

花椰菜属于二年生蔬菜，通常以营养体越冬通过春化阶段，次年抽薹开花。若冬季花球受冻，抽薹后极易腐烂。早熟花椰菜品种种子的采种大多集中在福建及浙江南部一带，而中晚熟品种在华东、华北等地也可采种。

（1）适时播种培育壮苗

选择适当的播种期，避开花球形成到开始抽薹时的低温期，以及开花结荚时的阴雨天气，使生育期避开恶劣天气，是获得高产优质种子的关键。在福建地区花椰菜早熟品种采种播种期比菜用栽培推迟 20 天左右，由菜用栽培 7 月 10 日播种，推迟到 7 月底到 8 月上旬，而中熟品种采种的播种期也可适当延迟；晚熟品种的采种播种期，则由菜用栽培的 10~11 月提早到 9 月播种。上海、浙江、江苏等地，在留种期间应避开冬季严寒和初夏的梅雨季节。长江下游一带，晚熟品种于 10 月间播种，以开始形成花球的植株露地越冬，翌年 4 月抽薹开花；在浙江南部、福建等地进行采种，早中熟品种的采种播种期，多安排在 7 月上旬，8 月初定植，9~10 月开花结荚，当年采收种子；晚熟品种采种延迟播种，第二年春季抽薹开花。花椰菜的育苗方法与甘蓝基本相同。

（2）采种地选择

花椰菜不耐瘠薄，忌涝，耐旱，应选用保水保肥性好的黏质壤土，采用高畦栽培，不能与同科蔬菜连作，以免加剧病害发生，还应与不同品种及甘蓝其他变种严格隔离。在广东及福建等冬季较温暖地区，可采用原地留种。长江沿岸冬季寒冷，为避免种株受冻，须将种株在严寒来临前 15 天左右，移入大棚内，以利恢复生长。

（3）种株选择标准

①按品种生育期选种株。品种生育期的长短是人为选择的结果，在选种时严格按商品成熟期的天数选择种株，便于以后的采种管理。

②选择外叶数。外叶数与花球的大小、成熟期的长短关系密切。

71

但选择同一品种时，尽量挑选外叶偏少的单株。外叶偏少表明叶片同化功能强。即在较短时间内获得较高光效的产品。

③选择花球。选择肉厚、洁白、致密的花球，花球表面没有茸毛，花梗上的苞片退化的，不会露出绿色小叶。

（4）田间管理

定植时幼苗尽量保持较多叶片，避免菜苗受伤。植株停止生长前要充分供给氮肥，中耕松土，增强根系活力，保持良好的土壤条件，避免冬季养分缺乏。当花球长到直径6~8厘米时，要控制氮肥。当植株形成肥大花球时，把叶片折向花球，防止花球受冻。

（5）花期管理

花期合理管理是花椰菜采种的关键。花椰菜花茎发育顺序先是花球松散，体积增大，花序梗转绿；其次，花球失去形状，主花序梗伸长10~20厘米，花枝纵横径约20厘米，在各花枝的先端出现零星的花蕾；其三，花枝伸长；最后开花。花球质量对花茎的发育影响较大，如花球体积大、紧实、形状好，花球不易散开，花球中变态枝或不抽生花枝的部分增多，花枝抽发无规则，败育花枝数增多等。花椰菜下部叶腋中不会抽生花枝，如果主茎上花球被割去或因病不结实，不能从下部叶腋中抽生花枝留种。

花椰菜采种时，采用切割花球法，一般要进行三次切割：第一次是在花球开始松散时进行，用锋利的尖刀将中间的花球组织切去，仅留花球外侧的3~4个花枝；第二次是在前一次留下的花球组织再次松散时进行，将花枝较密的部分割去；第三次是进行修枝，对剩下的花枝进行修剪，删除不能正常开花的小花枝。割花球在晴天进行，切口稍斜，以利伤口愈合，必要时可在伤口上涂一些杀菌剂，如多菌灵等防病。

种子采收与甘蓝相同。亩产种子20~50千克。

2．常规品种小株采种技术

（1）育苗

播种期在 7 月到 8 月末，必要时在苗床上适当遮阴降低温度。苗床的准备与甘蓝苗床相同。播种时行距 9 厘米条播。待幼苗子叶平展后，以株距 2 厘米间苗。

（2）移植

幼苗在移植前 1~2 小时浇水，使水渗透到土中。随起苗、随移栽、随浇水。当气温较高时，应在午后气温开始下降时移栽，在刚栽幼苗的移植床上覆盖遮阳网防晒，早、晚较凉时揭网。经 3~4 天幼苗恢复生长后，可不再覆盖。

（3）定植

播种后 50~60 天，幼苗具有 8~10 片真叶时定植，定植期为 8 月中旬到 10 月中旬，亩栽 2000~4000 株。

（4）田间管理

①施肥、浇水。花椰菜幼苗恢复生长后，应在秋季促进叶片和根群的生长，同时进行花芽分化，注意加强水肥管理。种株越冬前，控制适量的氮肥，限制花球达到初显露阶段，并浇水、中耕，使种株根群继续生长，安全越冬。防止花球受冻，可束叶保护花球。天气转暖时，及时追肥、浇水，使花球进入散球、抽薹和开花阶段。

②修剪花球。花茎发育的顺序是从花球松散、长大和花茎变绿开始，到整个花球长大变形、直径达到 20 厘米以上，各个花簇的茎伸长到 10~15 厘米，花簇顶端的花蕾逐渐显露出来，花簇茎顶端的花序形成，然后开始开花。

如若花簇因越冬时受冻，在气温回升后，部分花簇反而易招致病原寄生，引起病害。因此，修剪花球成为必要的技术措施。在花椰菜采种生产上，存在一些生长发育的问题：如不能顺利散球，休眠和不育的花簇增多，花茎不规则地发育，少数的花茎和花序能正常生长等。解决的办法是使花球充分发育后进行选择和修剪。

在花球进行修剪时，仅留当中生长发育较好的三分之一至三分之二的花簇，剪去处在休眠阶段、不育的或迟迟未开花的部分，促进剩下花簇正常生长。一般花球只修剪一次，必要时再修剪一、二次。修剪在晴天进行。修剪后的伤口应喷代森锌或涂代森锰锌药膏防病，防止软腐病或菌核病危害。

③调整花期及注意授粉条件。调整花期是配制杂交种种子的关键。了解亲本开花习性，确定两亲本的播种期，将晚开花的亲本早播，或将早开花的亲本晚播，或者在修剪花簇时，剪去一个早开花亲本的花簇，留下晚开花的花簇与另一亲本花期相遇。花椰菜杂交制种时期适遇春雨绵绵的天气，为提高工效、充分利用时间、提高种子产量的质量，应采用防雨设施，种株的定植方式是每畦一行，畦宽（连沟）约1.0米。每亩采种地放养蜜蜂一箱，增加授粉媒介，可以提高种子的质量与产量。

（5）采种和产量

花谢后45天，花茎和种荚变黄和荚内种子变褐色采收种子。收种时，先用刀齐地面割取种株，将数株捆在一起，放在架子上干燥。当种荚干燥后，用木榔头击落种子，或用脱粒机减速脱粒。种子晒干后，及时扬净杂质，防止混杂，注意贮藏。

花椰菜亩收种子10~20千克。每克种子有308粒。

3. 杂交种采种技术

花椰菜杂种优势明显。在杂交制种上特别应注意双亲花期相遇及防雨设施等问题。花期相遇的方法可参阅甘蓝杂交制种中的有关内容，同时花椰菜的花期相遇还可采用调整花枝的留用部位的方法。

九、绿叶蔬菜采种技术

绿叶蔬菜包括莴苣、芹菜、菠菜、苋菜、茼蒿、芫荽、冬寒菜、落葵、紫背天葵、金花菜、荠菜及豆瓣菜等，主要以柔嫩的叶片供食，也有以叶柄供食，或以嫩茎供食。绿叶蔬菜种类多，多以小株供食用，适于密植，分期分批采收。

绿叶蔬菜对温度的要求分为两类：一类是喜欢冷凉而不耐热，如菠菜、芹菜、莴苣、茼蒿、芫荽等，生长适温为 15 ℃ ~20 ℃，能耐短期霜冻；另一类是喜温暖而不耐寒，如苋菜、蕹菜、落葵等，生长适温 20 ℃ ~25 ℃。喜冷凉的绿叶蔬菜是低温长日照蔬菜，但不需要经过严格低温条件，抽薹开花对长日照要求比较敏感；喜欢温暖的绿叶蔬菜是高温短日照蔬菜。

多数绿叶蔬菜根系较浅，生长期短，单位面积上株数多，对土壤和水肥条件要求较高。

绿叶蔬菜的播种材料多为果实或种子，种皮较厚，需在一定环境条件下才易发芽，故在播前需进行种子处理。

（一）莴苣采种技术

莴苣是菊科一年生或二年生蔬菜，原产地中海沿岸，喜冷凉湿润的气候条件。莴苣按食用部位可分为叶用莴苣（生菜）和茎用莴苣（莴笋）两类。

1. 生育特性

莴苣适宜生长温度为 15 ℃ ~20 ℃。在 2 ℃ ~5 ℃条件下经 10~20 天，即可通过春化阶段，而高温和长日照可促进抽薹、开花和结实。

莴苣是自花授粉蔬菜，有时通过昆虫可异花授粉。莴苣抽生花茎后，着生多数分枝，在主茎及分枝端开头状花。每个头状花序生小花 15~16 朵，聚生在扁平花托上，花黄色，舌状，花冠及雄蕊呈筒状，将雌蕊包在中间。花在日出后 1~2 小时开花完毕，开花时花药开裂，花粉散出，雌蕊柱头伸出时授粉，经过 5~6 小时完成授粉、受精作用。一个头状花序的花同时开放，全株的开花期可持续 1~2 个月。莴苣的种子为植物学上的瘦果，颜色有灰黑、黄褐等色，成熟后顶端有伞状冠毛，随风飞散，采种应掌握在飞散之前，以免损失。莴苣不同品种的采种田间隔距离要求达到 200~500 米，以免发生混杂。

2. 结球莴苣采种技术

（1）成株培育

与生产商品莴苣一样，于9月播种，在露地栽培，以后覆盖薄膜越冬，或者带大土球移栽在大棚里，使其结球。

（2）成株选择

成株选择标准，要有原品种特性、特征，外叶少，叶色深绿，结球早而紧，形状好，不裂口，顶叶盖严，抽芽晚，叶圆形的无病植株。

成株选择好以后，用铁锹把成株挖起，多带土，摘去下部已枯萎的叶片，然后移栽在大棚内或温室里的畦上，畦宽 200 厘米，株距 50 厘米，保持表土干燥，灌水时将水灌进沟中、渗入畦内。

（3）成株处理

①割去叶球。移栽几天后，叶球失水变软时，可把叶球割去，保留几片外叶。操作应选择在晴天或室内空气较干燥时进行，使切口很快愈合。

②腋芽抽发期管理。成株老桩上的腋芽，在叶球割去后就会抽发新枝。注意一个老桩只留上部 3~5 个健壮侧枝。

③清除基部枯叶、黄叶。随着侧枝的生长，基部莲座叶逐渐枯死，要及时清除。如发现新枝生长的叶片枯黄，也要剪掉。操作要小心，注意不要伤及茎组织。

④支架。腋芽萌生的花枝长成后，上面生有许多分枝，容易倒伏，应在种株周围立竹竿，用细绳围起来，防止花枝倒伏，并保持分枝之间空气的流通。

⑤处理侧生叶球。侧芽有时会形成叶球，如在早春形成时，可及早用刀小心地切开球叶，帮助花茎抽发。

3. 莴苣笋采种技术

莴苣笋的采种方法与结球莴苣基本相同，抗病力比结球莴苣强。可露地采种，或用大棚采种，比露地采种提早采收种子，种子饱满，质量好，成本较高。

（1）大棚采种法

9月中旬在露地播种育苗，有4~5片真叶时，按行、株距40~50厘米×30厘米栽植大棚内，于年底选择种株，或在次年2~3月选择。

莴苣笋母株选择标准：具有原品种特性、特征，抽薹迟，节间密，没有侧枝，叶片少，笋粗而长，不裂口，无病害等。5月抽薹开花，6月下旬采收种子。

（2）露地采种法

10月上旬播种育苗，次年3月上旬栽植露地，行、株距同大棚采种法，7月上旬分批采收种子。在种株生长期间要注意淘汰劣苗、杂苗、弱苗和病虫苗。

当头状花序变成褐色，其中有明显白毛时，种子已成熟，在早上或傍晚种株微潮时收割，以免种子被风吹走。将头状花序捆成束或铺成薄层晾干。每亩可收种子25~50千克。种子千粒重为0.8~1.5克。

莴苣笋种子为狭长形或长椭圆形的瘦果，微扇颜色灰白色或褐色，

两面各有纵肋 7~8 条，上部有开展的柔毛，喙细长（图 12）

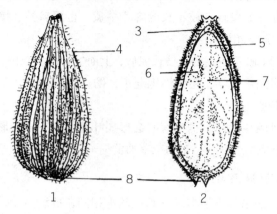

图12　莴苣种子的外形与剖面图
1.外形　2.剖面　3.内种皮　4.外种皮
5.胚芽　6.子叶　7.子叶叶脉　8.脐

（二）芹菜采种技术

芹菜原产地中海沿岸的沼泽地带，根据叶柄形态可分为本芹和西芹两类。西芹为芹菜的一个变种，比本芹叶柄较宽，厚而扁，纤维少，纵棱突出，多实心，味较淡，产量高。本芹品种多，分青芹、白芹两个类型。青芹香味浓，叶柄纤维多；白芹质地较细嫩，品质较好，但抗病性弱。

1. 生育特性

芹菜为浅根性蔬菜，直播，主根发达，移植后主根被切断，促进侧根生长，多数根群分布在 7~10 厘米表土范围内。株高 33~66 厘米，当年形成繁茂的叶簇，叶片着生在短缩茎基部，为奇数二回羽状复叶，每一叶有2~3对小叶和一片尖端小叶。叶柄较发达，颜色有绿色，淡绿色、黄绿色、白色等，按叶柄充实度可分为空心芹和实心芹，实心芹品质较优。

芹菜为二年生蔬菜，播种当年进行营养生长，生长适温为20℃~25℃，次年进入生殖生长，为绿体春化蔬菜，幼苗在2℃~5℃低温下，经10~20天完成春化，随后在长日照条件下抽薹开花。

芹菜为伞形花序，花小，呈白色，有许多小花聚集而成小花伞，小花伞集合成复伞形花，称为大花伞。大花伞周围的小花伞一般发育较好，每一小花伞约有30~33朵花；而处于大花伞中部的小花伞，其花较弱小，每一小花伞约有10~15朵花。芹菜花的开放很有规则，顶花伞的花先开，然后，第一级侧枝的花伞开放，顺次由第二级侧枝到第五级侧枝的顶花伞开花。不论大花伞或小花伞，都是从周围以同心圆状向中心开放，故一株芹菜的花期约20天左右，采种田开花期长达2个月左右。异花授粉，自交也能结实。果实为双悬果，有两个心皮，各含一粒种子。种皮呈褐色，粒小，有香味，千粒重0.4克。

2. 大株采种与小株采种技术

芹菜采种有大株采种和小株采种。大株采种是在充分成长的秋芹中选留种株，小株采种是以晚秋播种的小株留种。小株采种由于种株较密，单位面积种子产量较高，占地时间短，故成本较低，但因种株未得到正常的选择，长久采用小株采种易使品种退化。所以应在保证种子质量，又降低成本，可采用大株采种和小株采种相结合的采种方法。

芹菜采种不宜用过肥土壤，要控制氮肥使用，否则植株过于柔嫩，容易倒伏，影响种子饱满。芹菜不同品种间容易杂交，必须做好隔离工作。

芹菜采种的种株可直播或育苗移栽，大株采种都采用育苗移栽，播种期稍迟于菜用栽培，在8月播种；小株采种可在晚秋播种，以苗距 17 厘米定苗, 育苗移栽的秋播秧苗, 按 26~33 穴距定植, 每穴 3~4 株。不论种株是小株或大株、直播或育苗, 在南方均可露地越冬。

芹菜开花期正遇雨季, 昆虫活动少, 花粉也易流失, 影响受精, 因此要做好防雨措施。此外, 在抽薹开花期, 应做好立支架防风和整枝等管理。6~7 月及时采收种子, 种子产量每亩约 50 千克。

芹菜第一级到第三级侧枝上的种子发芽率较高, 而第四级侧枝上的种子因成熟期短, 种子发芽率较低。

（三）菠菜采种技术

菠菜又叫菠薐、赤根菜、角菜等, 原产波斯（现亚洲西部伊朗地区）, 唐朝传入我国栽培, 历史悠久, 南北普通种植。

1. 生育特性

菠菜为藜科菠菜属, 一、二年生草本植物。直根似鼠尾, 红色, 味甜可食, 侧根不发达, 抽薹以前叶片簇生在短缩茎上, 花茎上的叶小。

菠菜是异花授粉蔬菜。花茎高 65~100 厘米, 叶腋着生单性花, 雌雄异株, 间有雌雄同株, 也有两性花。花黄绿色, 雌花簇生叶腋, 有 6~20 朵, 花被杯状, 花柱 4~5 个, 柱头有效接受花粉期持续 15~20 天。雄花序是穗状花序, 雄花花被 4 个, 雄蕊 4 个, 花药纵裂, 花粉黄色。菠菜的花器较小, 花粉也较轻, 花粉可随风传至几十米到几百米处。在采种上不同品种间应严格隔离。

菠菜性别的表面类型有四种。纯雄株: 仅生雄花, 花茎上的叶片狭小; 营养雄株: 仅生雄花, 植株较大, 花茎上的叶片较大; 纯雌株: 仅生雌花, 丛生叶发达, 植株较大; 雌雄同株: 植株上有雌花和雄花。其中纯雄株在生产上利用价值不大, 在采程时应拔除。

菠菜适宜生长温度为 15℃~20℃。植株在 2℃~5℃条件下, 经过

15 天即可通过春化阶段，形成花芽。花芽分化后的高温、长日照有利花茎生长，而低温和长日照有相互代替或补偿作用，因此，菠菜对温度和光照的反应范围较宽广。

菠菜品种分为尖叶菠（有刺种）和圆叶菠（无刺种）两个类型。尖叶菠耐寒、生长期短。圆叶菠不耐寒，生长期较长。

2. 常规种采种技术

菠菜采种在晚秋播种，越冬后于初夏采收种子，按 26 厘米左右的行距条播，及时间苗，次年春天再按 20~26 厘米的株距定苗。在间苗、定苗过程中，严格去杂去劣。早春控制浇水，以免生长过旺而延迟抽薹或花薹过于细弱而倒伏，降低种子产量和质量。当部分植株开始抽薹时，注意拔除纯雄株、抽薹过早的杂株、病株及弱株。为使雌株得到充分的营养面积，以后要陆续拔除部分营养雄株，每 40 平方厘米留1 株与雌株同时开花的营养雄株，供接粉用，待雌株开花结束，可全部拔除，加强通风透光，促进种子发育。在始花后 2 个月，茎叶大多枯黄，果皮呈黄绿色，种子成熟即可收割种株。

3. 杂交种采种技术

菠菜杂交种的采种技术，采用田间自然杂交法，由于采用母本的类型不同，可分为简易采种和利用雌株系采种。

（1）简易采种

将父母本隔行种植同一采种隔离区内，采用 1 行父本、3 行母本相间播种，行距 33 厘米条播，母本品种要适当密播，增加 30% 播种量，以便到花蕾期雌雄株可辨别时，陆续拔除母本行中的所有雄株和两性株，每隔一天拔一次，连续进行多次。父本雄株常比母本雌株提早抽薹开花，为使父母本花期相遇，母本应较父本提早 7~14 天播种。这样，以后从母本植株上采收的种子即为杂交种。

（2）利用雌株系采种

利用雌株系的采种需要设立三个隔离区。

①两用系繁殖区。第一次繁殖时，将混合雌株系和雄二性株系在同一隔离区内隔行种植，在纯雌株上采收两用系种子，该种株的性别比为纯雌株；雄二性株为 1：1；在以后的两用系繁殖中，应每隔 1 行，将二性株于开花后期全部拔除，再在拔除二性株的行上采收两用系种子。

②雌株系繁殖区。将两用系种子及雌二性株种子隔行播种于一个隔离区内，在开花前将两用系内的二性株全部拔除，再任其与雌二性株系自由授粉，在两用行上采收杂结合的雌株系种子。

③杂种制种区。将杂合雌株系与父本系隔行种植，任其自由授粉，从雌株系上采收杂种种子。如果混合雌株系、雄二性株系与雌二性株系都是圆籽系统，父本系为刺籽系统，则在杂种一代制种区内可将父母本混合播种，混合采收种子，对采收的种子进行机械分离，圆籽者为一代杂种种子，有刺者为父本种子。

（3）采收种子

菠菜种子在 6~8 月成熟，当晚成熟的植株开始变黄时，将种株全部拔起，根朝外堆成约 1 米高的圆堆，堆积 10~14 天后脱粒，这样可促进种子后熟，发芽势强，出苗率高，干燥后的种株用石磙压碾脱粒，或用脱粒机脱粒，用筛选机筛选，无刺种子先通过 5 毫米筛眼的筛子，除去枝叶碎片和泥沙，再经过 2.5 毫米筛眼的筛子，清除细泥沙和碎粒。有刺种子应反复风选 2~3 次，以后再用筛选。种子清选洁净后，晒几天即可收藏。

每亩可收种子 100~200 千克。千粒重为 8~11 克。每克有刺种子约 80 粒，无刺种子约 110 粒。

菠菜种子实际是小坚果，果皮由花萼与子房壁形成，呈革质状，成熟后水分和空气不易透入，发芽较慢，每个果实里面含有 1~2 粒种子。

果实表面光滑，成为圆形，或带有两根以上的小刺（图 13）。种子稍
带绿色的是新鲜种子的标志，用于与陈旧种子相区别。

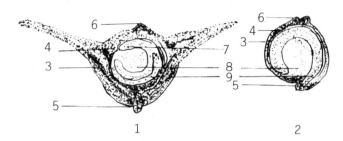

图13　菠菜果实的外形与种子剖面
1.有刺菠菜　2.无刺菠菜　3.果皮　4.种皮　5.脐
6.花柱残余　7.胚根　8.子叶　9.外胚乳

十、葱韭类蔬菜采种技术

葱韭类蔬菜包括洋葱、大葱、韭菜、韭葱、分葱等，具有特殊的辛辣气味，存在于叶片、叶鞘、鳞茎及花茎中，含有一种挥发性的硫化丙烯称为"蒜素"，亦称香辛类蔬菜。

葱韭类蔬菜食用部分主要是叶片及叶片的变态，可分为叶身和叶鞘。叶身有中空的圆筒状，如洋葱、大葱、分葱等，也有扁平或折叠状而不中空，如韭菜等；叶鞘为多层的环状排列，由多层叶鞘包裹成为茎状，称为假茎或葱白；鳞茎是由叶鞘基部膨大而形成，茎着生在鳞茎基部短缩的一段，称为茎盘，在茎盘上部着生叶片，茎盘下部生根，植株通过生育阶段后，茎盘上部分化成花芽，抽薹开花。

花由数十朵到几百朵单花组成的伞形花序，花序有苞片，花序中心的花先开，外围和下边的花后开。花三出，子房三室，果实为两裂蒴果，成熟时开裂。种皮黑色，种粒细小，种皮坚厚，吸水力弱，贮藏营养物质少，寿命短，使用年限只有1~2年。每克种子280~320粒。

葱韭类蔬菜喜冷凉气候，耐寒性较强，其中韭菜耐寒力最强，其次大葱，洋葱较差，而耐热性洋葱较弱，大葱和韭菜在高温季节，仍能缓慢生长。葱韭类蔬菜生长适温为15℃~25℃，在低温条件下通过春化阶段，在长日照下开花、结实，为异花授粉蔬菜，但自交也能结籽。

（一）洋葱采种技术

洋葱又叫葱头、圆葱，为百合科葱属蔬菜，原产地中亚西亚，属大陆性气候，冬季积雪，夏季高温，干旱少雨，全年或昼夜温差大，生长季节在温和的春天。洋葱按鳞茎皮色可分为红皮洋葱、黄皮洋葱和白皮洋葱三类，其中红皮、黄皮洋葱为中晚熟品种，而白皮洋葱为早熟品种。

1. 生育特性

洋葱为二年生蔬菜，播种当年生长营养器官，次年形成鳞茎，第三年抽薹开花，每个鳞茎的抽薹数取决于所包含的鳞茎数，一般有 3~6 个花薹。抽薹后花薹顶端有一个伞房花序，其上着生 200~800 朵花，而每一花朵通常可结 6 粒种子。

洋葱适应性强，种子和鳞茎在 3 ℃ ~5 ℃温度下缓慢萌芽，温度 12 ℃以上发芽加速；鳞茎膨大期需 20 ℃ ~26 ℃的较高温度。长日照有利洋葱鳞茎的形成，叶鞘基部的肉质鳞片形成鳞茎，但在短日照条件下不能形成鳞茎。

洋葱属低温感应型蔬菜，诱导花芽分化需要较低的温度，多数品种在 2 ℃ ~5 ℃低温下，经 60~70 天才能完成春化阶段。

2. 成株采种技术

从种子播种到采收种子需经三个年头，即在播种后第二年收获鳞茎，贮藏越夏后，秋季定植母鳞茎作种株，到第三年初夏才收种子，故又称"二年采种法"。成株采种用于生产原种种子。

（1）选择鳞茎

在田间植株地上部基本倒伏，植株下部 1~2 片叶枯黄，3~4 片叶稍带绿色，鳞茎外层鳞片变干时，即可拔起植株，排到田间晾晒 3~4 天，促进叶片中的养分运转到鳞茎中，并散发部分水分，以利于贮藏。

为了保持品种纯度、提高种性，应在采种田或生产田中，对洋葱植株与鳞茎进行严格选择。

①选用大小适中、形状圆正的鳞茎。

②选择假茎细而紧实的鳞茎。

③选择色泽纯正的鳞茎。

④选用外皮光滑不裂皮、无损伤的鳞茎。

（2）栽植鳞茎种球

洋葱为天然杂交蔬菜，不同品种之间隔离距离为 1000~1500 米。洋葱忌连作，喜欢偏碱性土壤，根群浅而集中，吸收能力弱，需要土层深。土壤结构好，保肥、保水力强的壤土。

定植时鳞茎种球以浅埋土下为宜，行株距为 50 厘米 × 30 厘米。秋栽有利于种株的生长发育。同时，种球经低温通过春化后，第二年能提早抽薹、开花和结种子，减轻后期高温、多雨的影响。

（3）支架

洋葱花茎高达 1 米多，定植种球后，在生长期间结合中耕、培土、固定种株，当抽生花茎后，要及时立竹竿拉绳，松松缚住花茎，防止风雨折损，影响种子产量。

3. 小株采种技术

洋葱小株采种法是不结鳞茎球的采种法，又叫二年采种法，多用于采收生产田用的种子。

（1）播种期

通常在 7~9 月间播种，在越冬时长成大苗，通过低温春化阶段，促进第二年全部植株都能抽薹、开花、结子。

（2）选择种株与栽植

在田间按品种性状要求选择种株，淘汰杂株、病株和弱株，将选好的种株定植到采种田里，行株距 35 厘米 × 15~20 厘米。其他管理同成株采种方法。

4. 杂交种采种技术

洋葱一代杂种种子的配制方法与萝卜雄性不育系配种方法相同，采用三系配套的方法获得，即使用雄性不育系 A、同型保持系 B 和父本系 C 三种遗传基因不同的株系。在配制一代杂种田里栽植 A 系和 C 系，从 A 系上收获的种子即为一代杂种种子，从 C 系上收获的种子，可作为以后配制杂种的父本用。不育系 A 和父本 C 的栽植比例，行距 90 厘米，以 8 行 A 与 2 行 C 配置，效果最好。在配制杂种种子时，还应另找一块隔离区，将 A 系与 B 系以 8：2 的比例栽植，从 A 系上收获下不育系种子，从 B 系上收获同型保持系种子，留着将来配制不育系种子时用。

由于三系种子已经过鉴定，纯度有保证，在繁殖杂种种子或繁殖保持系或父本系种子时，均可采用 2 年生制种法。即在当年秋播提早育苗，用大苗在越冬期间通过春化阶段，次年即能抽薹、开花，获得杂种种子和三系种子。

5. 采收种子

洋葱种子其实是果实，为蒴果，在完全受精情况下，每果可形成 6 粒种子。种子呈三棱形，黑色。

洋葱花序上的各个单花，开花期有先有后，种子成熟期也有迟早。洋葱种子 6~8 月成熟，采收种子可分 2 次进行。当田间先开的花所结种子约有 10% 成熟时，应收第一批种子，以免成熟的蒴果开裂、种子脱落。收获时将花球带茎长 15~20 厘米剪下，每 5~10 支花茎捆成一把，铺在麻袋布上，放阴凉通风处吹干，使未完全成熟的种子进行后熟及干燥，扬净杂质，将种子装袋贮藏。

洋葱每亩可生产种子 50~100 千克。

（二）大葱采种技术

大葱因植株高大而得名，古称木葱或汉葱。

1. 生长特性

大葱为二年生蔬菜，但采种生产作为三年生栽培（洋葱也这样），第一年秋季播种，以幼苗越冬，第二年夏季移栽，将成长植株在露地越冬，在2℃~5℃温度下通过春化阶段，第三年春末再栽到采种田，在长日照条件下抽薹、开花，夏至采收种子。

充分成长的大葱，全株（从假茎基部到叶的上端）长100~150厘米，鲜重200~400克，少数单株重可达700克以上。假茎的长度占全株长的40%左右，重量为全株鲜重的55%~65%。根为白色弦线状须根，粗度均匀，生长侧根少。植株生长盛期是根系最发达的时期，数量在100条以上。茎短缩，呈扁球状，黄白色，上部着生多层管状叶鞘，下部密生须根，苗端生长点形成花芽后，逐渐发育花茎。叶由叶身和叶鞘两部分组成，分化初期的幼叶，叶身比叶鞘的生长快，单个叶鞘为圆管状，多层套生的叶鞘和内部包裹着的4~6个幼叶，组成棍棒状假茎（葱白），成龄叶色为深绿色，长圆锥形、中空，表层覆有白色蜡状物；当植株最后一个葱叶基本长成后，即抽出一个粗壮的花薹（花茎）。

大葱为伞形花序，开花前，花序藏于膜状总苞内，呈球状，成株采种时一个花序有小花400~500朵，多者800朵，每朵花有萼片、花瓣各3个，雄蕊6枚，3长3短相间排列，雌蕊1枚，子房上位，3室，每室可结2粒种子，种子盾形，内侧有棱，种皮黑色，有不规则的密集皱纹，千粒重2.4~3.4克，一般为2.8克左右。

大葱对温度、光照、水分和土壤的适应性较广，能忍耐-20℃以下的低温和45℃以上的高温，适应生长的温度范围为7℃~35℃，适宜生长的温度为13℃~25℃；对水分反应表现耐旱不耐涝；对日照长度要求为中性，只要植株在低温条件下完成春化阶段，不论在长日照还是短日照条件下，都能正常抽薹、开花；对土壤要求土层深厚，排水良好，富含有机质的壤土。

2. 成株采种技术

大葱为雌雄同花，异花授粉蔬菜，主要由昆虫传粉。空气干燥时，成熟的花粉可随风飘移数米到数十米。近距离可借风力传粉。根据大葱开花授粉的这些特点，要保持和提高品种的整齐度及生活力，需采用成株采种的方法。

（1）选择种株

秋季大葱生长期间，在田间选择无病、具有本品种生育特征特性的植株留种。

（2）种株贮藏

种株选好以后，摘除黄叶，晾晒 2~3 天，以 10~20 千克扎成捆，放在场院或干燥、通风、低温处贮藏。贮藏期间，如遇冷冻，要加盖草栅保温。如温度增高，要及时翻动，必要时还应解捆摊晒 3~4 次，剔除霉烂株和劣株后，再捆好放置。贮藏的最适温度是 2℃~5℃。

（3）搞好隔离

防止生物混杂。生产原种，可用网室。如开放授粉采种，需有 1000 米以上的间隔距离。

（4）种植管理

在南方较温暖的地方，冬季即将种株定植在采种田里。也有在地里选留种株后，直接在原地过冬和留种。北方地区在 3~4 月间将种株定植在采种田里，定植前将葱白留 20 厘米长，剪去以上葱叶，按 45~65 厘米的行距开沟，沟深 25~30 厘米，沟内施足基肥，再按 10~15 厘米的株距栽植。栽后培土封垄，只将心叶露在地面上。

其他田间管理及采种与洋葱相同。

成株采种成本较高，可采用成株繁殖原种，半成株繁殖生产种的技术。

（三）韭菜采种技术

韭菜原产我国，为多年生的蔬菜，一次播种后，可生长多年，每年又可以采收多次，除采用青韭外，还可采收韭菜薹及作韭黄软化栽培。

1. 生育特性

韭菜在播种后的第二年即可抽薹开花，这是开花初期，到第三年，进入生长旺盛期，所结种子才较充实。

韭菜在长江流域 6~8 月均可抽薹开花，以 7~8 月期间开花所结种子较饱满。韭菜抽薹后，于花薹顶端着生花苞，抽薹初期，花苞上部空瘪，随着花薹的伸长和单花的不断分化发育，花苞逐渐膨大充实，当花薹达到一定高度而停止生长时，花苞内的单花迅速生长发育，苞膜破裂，露出花蕾，进而开花结实。

韭菜的总花序是由数个小的伞形花序组成的，因品种和总花序大小的不同，小花序数 2~4 个不等。随着花的发育，单花从螺旋卷苞的外层依次向内开放，膜状小苞片也随之展开，果实按开花的顺序依次成熟。韭菜总花序中的单花朵数为 70~110 朵以上。在开花后的 4~6 天为盛花期，花期持续 6 天左右，每天开花数为 8~11 朵，多达 20 朵，初花期和末花期每天开花数较少，一般为 2~4 朵。

韭菜对环境条件的要求，与其他葱蒜类蔬菜基本相同，叶的生长适温为 15℃~25℃，不耐高温；对光照强度的要求比洋葱弱，光照过强，叶的组织粗老，纤维多；韭菜地下部根状茎贮藏有营养物质，提供给分蘖及植株生长的需要，因此在无光的黑暗条件下，也可以生长一段时期，但不形成叶绿素，成为韭黄。韭菜叶片狭长，表面被有蜡质，能耐较低的空气湿度，南方雨水多，很少专门灌溉，干旱季节可结合施肥浇水。

韭菜的果实为蒴果，黑色、倒卵状，有三片膜间隔着，分成三室，每室有胚珠二枚，果实成熟时，便从缝合线处开裂，露出种子。

种子表皮黑色，一面凸出，叫做背面，一面凹陷，叫做腹面，无论背面腹面表皮皱纹均细密，这和大葱、洋葱的种子迥然不同。

2. 韭菜常规采种技术

（1）播种育苗

韭菜采种都采用育苗移栽，每亩苗床播种子 4~5 千克，1 亩苗床育的苗可定植 10 亩采种田。幼苗生长期长，易受草害，及时除草是育苗管理的关键。

韭菜采种可与生产商品韭菜结合进行。

种植韭菜有条播或撒播，亦可直播或育苗移栽，当幼苗长高到 15~20 厘米时即可定植，采用丛栽的方法，每丛 20 株左右，行株距 40~50 厘米 × 20~25 厘米，按常规精细管理，培育壮苗，露地越冬。

（2）3~4 年生种株上采种

韭菜从第二年开始逐年开花结实，但 2 年生植株由于营养积累较少，种子产量偏低，质量较差；5~6 年生韭菜，植株开始衰老，不宜用于采种。所以生产原种及繁殖良种时，应选用 3~4 年生韭菜。

（3）选择种株

选择叶片数目多、分蘖力强、生长健壮、鳞茎较大的性状作种株，清除田间杂株与劣株。

（4）减少收割次数，加强管理

采种田在 4~5 月间只收割一次青韭，收割时要高留茬，收割后及时施肥水，加强培育，促进植株苗壮成长。7~8 月间种株陆续抽薹时，适逢雨季，注意排水防涝。否则总苞不易破裂，花期延迟或倒薹崩花。为使种子成熟集中，可将早期和后期抽出的花薹采收食用，留大致同期抽薹开花结子。

（5）用分株繁殖法选留原种

当品种在田间性状表现不整齐时，可在田间选择具有品种特性的单株，挖出后用无性繁殖的分株法纯化，在获得少量原种种子后再扩大繁殖。

（6）采收种子

韭菜种子约在 8~9 月间成熟。从开花到果实成熟需 35~40 天。当花薹变黄时，花序顶部 5~6 个蒴果裂开，开始看到黑色种子时即可采种，要在清晨采收花球，晾干、脱粒和清除杂物，风干后便可贮藏。每亩种子产量为 60~100 千克。

葱韭类种子虽均为黑色，大小和形状也近似，但仔细区别起来，各有不同形态特征（表2，图14）。

表2　葱韭类种子形态比较

特征	洋葱	大葱	韭菜
形状	盾状簇角	盾状，有棱角，稍扁平	盾状扁平
表面皱纹	稍多，不规则	皱少，整齐	细密
脐都凹注	很深	浅	无
千粒重（克）	3.3	2.23	3.15

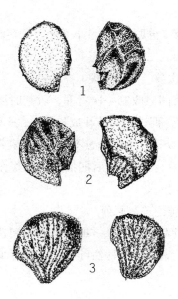

图14　洋葱、大葱与韭菜种子外形的比较
1.洋葱　2.大葱　3.韭菜

十一、茄果类蔬菜采种技术

　　茄果类蔬菜属茄科，为一年生或多年生自花授粉蔬菜，其中辣椒为常异花授粉蔬菜。茄果类蔬菜包括番茄、茄子、辣椒三种。

　　茄果类蔬菜性喜温暖，怕寒冷，其中番茄耐寒力较强，辣椒耐寒力较弱，茄子不耐寒。茄果类蔬菜虽属自花授粉蔬菜，但有 4%~10%天然杂交率。茄果类蔬菜在高温条件下通过春化阶段，对光照要求不严格。茄果类蔬菜雌雄同花，最外围是萼片，绿色或紫色，有的萼片基部合成筒状，分为五裂，再往里是花冠，黄色、白色或紫色，形同萼片。中间是雌蕊，由子房、花柱与柱头组成，雌蕊外围有雄蕊 5~7 个，花药囊密植，着生在花丝上。果实为浆果。茄果类蔬菜生长适宜日温为 20 ℃ ~30 ℃，夜温为 15 ℃ ~20 ℃。温度过高过低，容易引起茄果类蔬菜的落花。现分别介绍番茄、茄子、辣椒的采种技术。

（一）番茄采种技术

　　番茄又称西红柿，属一年生茄科蔬菜，喜温暖，忌强光，耐干燥，不耐水湿。番茄根系发达、再生力强，枝叶繁茂。番茄忌连作，留种田应选择与茄科蔬菜轮作 3~5 年的田块。

1. 番茄花器构造与开花结实习性

（1）花器构造

　　番茄花为两性花，最外层为绿色分离的花萼，内层为黄色花冠，花冠基部成喇叭形，雌蕊 1 枚，雄蕊 5 枚或 5 枚以上，花药长形，联合成筒状。子房上位，多心室，多胚珠，单果可结较多种子。番茄因

93

品种不同有两种不同花序，即聚伞花序和总状花序。花黄色，每个花序着生的花数 5~10 朵，小果形品种和早熟品种花数较多。

（2）开花结实习性

番茄品种有无限生长型和有限生长型两类。番茄开花顺序是基部的花先开，依次向上开放。相邻两花序的间隔时间 7 天左右。通常第一花序的花尚未开完，第二花序基部已开始开放。花朵开放时，先是萼片逐渐在花顶端展开，使花冠外露，花黄绿色。当花冠充分展开时，花冠呈鲜黄色，这时雄蕊成熟，从花药中散出花粉，而雌蕊的柱头同时迅速伸长，接受花粉，完成受精过程而结实。番茄多在上午开花，8~11 时为开花盛期，开花持续 3~4 小时，午后开花很少，阴天开花时间延迟。柱头从开花前 1~2 天至开花后 1 天，均有授粉能力，但以开花当日接受花粉和受精能力最强。番茄花粉生活力可维持 4~5 天，在人工杂交制种时，去雄和授粉可同时进行。

番茄开花的适温为 20℃~25℃，低于 15℃开花停止，高于 35℃发生落蕾、落花。番茄开花授粉后，子房迅速膨大，形成果实，从开花到果实成熟需 40~60 天，种子在完熟期之前已有生活力，但采种用的果实要到完熟时种子才能饱满。番茄种子呈扁圆形，表面披有灰黄色茸毛（图 15）。

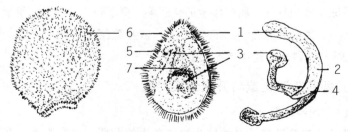

图15 番茄种子的外形和剖面

（1.胚根 2.胚轴 3.子叶 4.胚芽 5.种皮 6.种毛 7.胚乳）

2. 番茄常规种采种技术

（1）番茄常规种原种采种技术

番茄是自花授粉蔬菜，但在自然条件下，容易发生异交。异交及机械混杂会导致品种整齐度下降，多采用单株选择法和混合选择法进行提纯。

①培育壮苗。培育壮苗是提高番茄种子产量的基础，番茄培育壮苗技术包括播前准备，育苗床和种子准备，播种及苗床管理，分苗及分苗床的管理等主要环节。番茄苗期 50~60 天，在分苗移栽时，注意严格去杂去劣。

②定植与管理。番茄留种田应选择近 3 年来未种过茄科蔬菜，周边 200~300 米内不种植其他番茄品种、土质肥沃的沙壤土田块。

定植期应掌握晚霜过后，气温稳定在 15 ℃以上为宜。定植时，根据叶形、叶色、茎色、初花的节位等性状，严格去掉杂株，劣株。定植密度每亩为 2500~3500 株。

定植后的田间管理同生产田。留种田在 3 个主要时期要严格去杂去劣，即在开花前，依据植株开展度、生长习性、生长势、叶形和抗病性等；在坐果期，依据生长习性、叶形、花序、整齐度、功果特征等性状；在第一穗果实成熟期，依据生长势、抗病性、成熟期、果实性状等进行去杂去劣。

③选种与采种。原种生产应严格选种，株选与果选结合进行。在分苗和定植时去杂去劣的基础上，果实成熟时再进行株选，选择生长健壮、无病虫害、生长类型符合原品种特征的植株；从入选植株中，选择坐果率高、果形、果色、果实大小整齐一致、不裂果的第 2~5 果。

早熟品种在授粉后 40~50 天果实成熟，中晚熟品种 50~60 天成熟。果实采收后，进行 2~5 天的后熟，然后进行采种。

采种有人工采种和机械采种。人工采种将种果横切，挤出种子放入干净无水的容器中，发酵 1~3 天。种液在发酵的容器内装八成满，以免发酵后溢出。在种液发酵过程中，容器内不能进水，亦不能在阳光下暴晒，否则种子会发芽或变黑，影响发芽率。当种液液面形成一层白色菌膜，或经搅动后，果胶与种子分离时，表明种液已发酵好，可用木棒搅拌种液，待种子与果胶分离、种子沉淀后，倒去上层污物，捞出种子，用水冲洗干净，放于细纱网上晾晒，经常翻动揉搓，防止结块。当种子含水量下降至8%~9%时，即可装袋保存。晒干的种子为淡黄色，毛茸茸有光泽。在晾晒、加工、包装、贮运等过程中要严防机械混杂。

（2）番茄常规种良种采种技术

常规种良种采种技术基本同原种生产。要求空间隔离距离在100米以上即可；用原种种子繁殖良种；在分苗、定植、果实成熟、采收前按品种特征特性淘汰杂株、劣株、病株，以保持原品种的纯度。

3. 番茄杂交种采种技术

番茄杂交制种的隔离、育苗、田间管理和采种技术等，与常规品种原种生产的要求基本相同。

（1）常用工具

主要有镊子、70%酒精、棉球（为镊子式制种者手消毒备用）、贮花粉盒、电动采粉器、小玻璃瓶、铅笔（带橡皮头）、干燥剂、干燥箱及冰箱等。

（2）番茄父母本种植比例与播种期

①父母本比例。番茄杂交制种父、母本的配比因品种而异，父本为有限生长类型品种，父母本配比为1∶4~5；而父本是无限生长类型品种，其配比为1∶7~8。栽植时，番茄父母本各栽一片，父本苗可略密于母本苗，母本苗采用单干整枝。父本不用整枝，任其生长，以增加花数。

②播种期调节。为保证进行杂交时有足够的父本花粉，将父本提前15~20天播种，促进父母本花期相遇。

（3）亲本花序和花朵的选择

杂交用的花序，应选择第二或第三花序，采种种子的数量多，质量好。在每穗花序中，选择着靠近基部发育正常的3~4朵花作杂交用，花序基部已开放的花和上部瘦小的花及畸形花均不能作杂交制种用，应在去雄时一同摘除。每穗花序以留2~3个杂交果实为宜，小果型品种留果可多一些。

（4）去雄

对拟用来进行杂交的花蕾，在开花前1~2天，即花瓣呈黄绿色、先端略开的花蕾，用左手拇指与食指或中指轻轻夹持花的基部，右手用镊子尖端先剥开花瓣，轻轻将花药连同花瓣一起剥去，千万不可擦伤其他器官。为防止天然杂交，去雄后应立即套袋。在一天中以上午9时以前去雄为好，以防止自交。

（5）花粉采集

选择健壮、盛开的父本花朵，待露水干燥后，约晴天上午10时前后，阴天在11~12时采集花粉。采花粉的方法，采集花粉用左手拇指和食指捏住花朵基部，用采粉器转动轴接触花药，经振动后花粉散落在采粉器中，把收集的花粉倒入贮粉器待用，或者将采摘的花朵带回室内摊放在干净纸上，当花药裂开时，逐朵放到盛放花粉的容器里，用镊子剁开花药筒，用小棒敲打镊子，振落花粉。若采花粉时湿度大，花药不易裂开散粉，可放置干燥器内数小时，然后取出采集花粉。

（6）授粉

在去雄当天或去雄后1~2天内进行授粉，选择晴天上午8~11时用右手无名指沾花粉，涂在雌花柱头上，或用铅笔上的橡皮头蘸取花粉，轻轻地涂在花柱上。授花花粉量的多少，会直接影响种子量的多少，在授粉1天后再涂抹一次，使有足够的花粉进入子房，增加单果种子数。如授粉后12小时内遇雨淋，待雨后花朵上水滴干燥后或第二天露水干燥后须重复授粉，防止花朵脱落。番茄适宜杂交授粉期为1个月左右。

（7）采收种子

在授粉时系上细铁丝或摘掉1~2片萼片，作杂交的标记，使在采收种子时有据可查，不致混淆不清。番茄杂交果实一般留第2~4穗果处，而保护地栽培还可多留一穗果。采种时父母本分别进行，在母本株上只收带标记的杂交种果实，杂交种果实收完后，再收商品果，严防混杂，确保一代杂种种子的质量。番茄种果采收后，当采收的种果还未达到完熟时，应后熟2~3天，再掏种子。对已着色完好、开始变软的果实，即可切开，掏出种子，放在缸里略搅拌。当温度在25℃时，2~3天后，胶质开始发酵并与种子分离，胶质层浮在发酵液上面，种子沉入液底。随后清除上层漂浮物，将种子舀起来，放在细眼筛中，冲洗干净，再行晾晒。晒种时，种子层应薄些，过厚不仅使底层种子霉烂变质，有的还要发芽。晒好的种子，用手搓一下，使其粒粒分开，再装袋贮放。

番茄采种种子的产量因品种而异，大果种、心室多的品种，每100千克番茄果实可得种子0.4千克，中果种约0.6千克，小果种为0.8千克，每亩可获种子7~15千克。千粒重为2.7~3.3克，每克约有种子250~350粒。

（二）茄子采种技术

茄子为一年生茄科蔬菜，对环境条件的要求与番茄基本相似，结果期适宜温度为25℃~30℃，不耐低温，5℃以下就会受冻。茄子耐肥，喜钾，其次是氮和磷。

1．花器构造与开花结果习性

（1）花器构造

茄子多为单生两性花，花朵较大，花冠呈钟状，先端5裂，花为紫色、淡紫色或白色；雌蕊1个，位于花中央，由子房、花柱、柱头组成，内含多个胚珠；雄蕊有花药5~9个，花药呈狭卵形、两室，着生在雄蕊周围，花丝很短。

（2）开花结果习性

当茄子主茎长到3~9片叶时形成花芽，开花的顺序由下向上，第一个茄子果实称为"根茄"。当主茎和侧枝生长2~3片叶时，分杈开花，主、侧枝上各结一果，称为"门茄"；然后又以上述同样的方式继续分杈开花，结四个果称"四门斗"，结八个果称"八面风"，以后结的果称为"满天星"。

茄子开花的适宜温度为25℃~30℃，低于15℃或高于40℃均受精不良，容易落花。开花时雄蕊成熟，花药顶端开裂散出花粉，花粉直接落在花柱上，完成自花授粉过程。花粉生活力以开花当天及前一天最高，雄蕊则从开花前一天到开花后两天均可以授粉受精，但以开花当天授粉结实率最高。受精后，子房膨大形成果实。

茄子开花后15~20天，果实达到商品成熟（嫩果），开花后50~60天，果实达到生理成熟，着生于果内的海绵状胎座中的种子发育成熟。茄子果实为浆果，种子扁圆形（图16），呈微红黄色，表面光滑，有光泽，千粒重3.5~7.0克。

  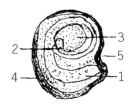

图16　茄子种子的外形与剖面
1.胚　2.子叶　3.胚乳　4.种皮　5.脐

2．茄子常规种采种技术

茄子采种栽培与茄子商品生产不同，采种用的茄子果实必须达到生理成熟才能采收，而商品生产的茄子则采收鲜食的嫩果，在花谢后

15~20 天就可采收。两者栽培管理方法基本相同。

（1）茄子常规种原种采种

茄子原种生产空间隔离距离应在 300 米以上。

①单株选种。在采种田根据植株生长的性状及"门茄"的果实特征，选择具有品种特性的优良单株，在株旁插杆标记，并在"门茄"果实柄上挂牌。待"门茄"果皮变黄，达到生理成熟时进行复选，淘汰性状不良的或者有缺陷的植株，中选植株的种茄，分别采收留种，分别保存。

在茄子采种时，要注意种果采收后，放在通风干燥处后熟 1~2 周，使种子充实饱满，并与果肉分离。采种时将果实装入网袋或编织袋中，用木棍敲打搓揉种果，使种子与果肉分离，放入水中，剥离种子，搓洗干净后晾晒。若采种量大，先将无籽部位切去，再将有籽部位切成 4 瓣，放入缸中用棒捣碎后，揉出种子清洗、晾晒，或用改造后的玉米脱粒机打碎果实，放入水中清洗，将沉在水底的饱满种子捞出、洗净，放在通风的纱网上晾晒，晒干后装袋贮藏。

②株行选种。选用单株选种的种子分别播种，分株行种植。当"门茄"达到商品成熟时，测定各株行的品种性状和整齐度，从中选择具有本品种特征特性，株间整齐的优良株行分别留种。

③株系选种。选用株行选种的种子分别播种，按株系种植。当"门茄"达到商品成熟时，从中选出具有本品种特征特性、丰产性、抗病性、适应性的优良株系，分别留种或混合留种，成为原种种子生产的材料。

④原种选种。混合采收的株系种子，稀播种植。茄子生长期间，要分期进行去劣、去杂。在开花前植株生长习性、抗病性、叶型、叶色等，在初花和第一幼果期，观察萼片上刺的密度、幼果形状和颜色等，在坐果期，果实商品成熟时，观察丰产性、抗病性、果实形状、大小、果皮和果肉颜色等。去杂去劣后，混合采收种子即为原种。

（2）茄子常规种良种采种

茄子良种采种隔离距离为100米以上，良种生产要用原种种子播种、育苗，在定植、开花结果期及采收前，严格剔除不符合品种特征特性的杂株、劣株与病株。其他各项技术可参照原种采种技术。

3．茄子杂交种采种技术

茄子杂交制种采用人工去雄授粉的方法，在隔离、育苗、田间管理及采种方法与常规种原种采种要求基本相同。

（1）父母本行比及花期调节

茄子杂交制种田父、母本行比为1∶5。父母本成熟期相近，可同期播种育苗；成熟期有较大差异时，晚熟的亲本应适当早播。种植时要适当扩大行距，缩小株距，增加密度，可比生产田增加35%~50%的株数，生长后期及时整枝、摘叶，防止枝叶过于茂盛，影响茄子果实生长。

（2）去雄

选择第二天能正常开花的"门茄"或"四门斗"花朵进行去雄。去雄时，左手轻轻捏住花柄，右手用镊子将花瓣拨开，将镊子伸入花药基部，拔去花药，注意不能碰伤柱头与子房。去雄要注意去净，做到不残留花药。制种早期天气较温和，在早晨边去雄边授粉，去雄时花药开裂，如果已经开裂，则应将花去掉，用70%酒精消毒镊子，进行下一朵花的去雄。同一个隔离区内只有一个组合，不必套袋隔离；若配置组合不止一个，去雄后的花必须套袋隔离。

（3）采粉与授粉

开花前一天下午或开花当日清晨，用镊子摘取父本植株上未散花粉的花药，或用电动取粉器进行取粉，经晾干或干燥处理后，即可散出花粉。

去雄后第2天或第3天，母本花冠完全开放时在上午8~10时或下午3~5时进行授粉，方法与番茄相似。

其他管理措施同常规种种子田。

（4）采收种子

当茄子果皮颜色变黄或黄褐后，带果梗剪下放在室内堆积 10 天左右，达到后熟变软。堆积时勤检查，防止果实腐烂变质，降低种子质量。达到完熟的果实，将果实纵剖开，放在细眼筛浸泡水中，慢慢沿着心室搓洗出种子。飘浮在水面上的种子，未完全成熟，应淘洗掉。将沉在筛底上的种子，淘洗干净晾晒，晒干后收藏。

茄子因品种不同，单果种子数有多有少，每果约有种子 1000~3000粒，每 50 千克种果，可采得种子 1~1.5 千克。每亩可收种子 10~15 千克。

（三）辣椒采种技术

辣椒为常异花授粉的蔬菜，虫媒花，天然异交率 10%~15%，可分为辣椒和甜椒。喜较高温度、不耐寒，开花最适温度为 20 ℃ ~27 ℃，空气相对湿度为 60%~80%。

1. 辣椒花器构造与开花结实习性

（1）花器构造

辣椒是雌雄同花的完全花，其中甜椒的花蕾较大而圆，辣椒的花蕾较小而长，花单生、双生或族生。花的外层为绿色的萼片，基部相连成钟形萼筒，先端 5~6 齿，花冠由 5~7 片花瓣组成，基部合生，多为白色，少数为浅紫色；雄蕊有花药 5~6 枚，着生于雌蕊的周围，与柱头平齐或略低于柱头。雌蕊 1 个，位于花中央，柱头有刺状隆起，辣椒子房 2 室，甜椒子房 3~4 室，中轴胎座，内有胚珠多个。

（2）开花结实习性

辣椒分枝习性可分为无限分枝型和有限分枝型两类，栽培品种大多数为无限分枝型。当植株 6~9 叶时，顶芽形成花芽，开第一朵花，结第一个果，其下长出两个侧枝，每个侧枝结一个果，以后依次继续分枝结果，一般为单生花，果实下垂生长。

辣椒开花顺序是由下向上依次开放，上一层花朵开放时间，比下一层花开放时间晚 3~4 天。多在早晨 6~8 时开花，也有少数品种在上午 10 时开花。花粉在开花前 2 天至开花后 2~3 天均有受精能力，以开花当天受精结实力最强。授粉后 24 小时完全受精，随后子房膨大形成果实。

辣椒从开花到商品成熟需 25~30 天，50~60 天达到生理成熟。果实为聚果，果皮与胎座分离，胎座果实中央，形成空腔。种子着生在胎座上。呈短肾形，扁平（图17），浅黄色，有光泽，辣椒种子千粒重 3.7~6.7 克，甜椒种子千粒重 4.5~7.5 克。

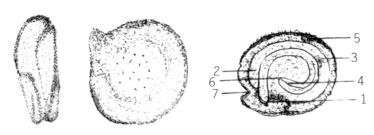

图17　辣椒种子外形和剖面
1.胚根　2.胚轴　3.子叶　4.胚芽　5.种皮　6.胚乳　7.脐

2. 辣椒常规种采种技术

（1）辣椒常规种原种采种技术

对于发生混杂退化的品种，可采用混合选择法进行提纯。

①单株选种。门茄开花后与坐果初期，依据株型、株高、叶形、叶色、花朵大小、颜色、幼果颜色等性状进行初选，选择符合原品种标准性状的植株 100 株左右，将入选单株已开的花与已结的果实全部摘除，随后将各入选植株扣上网纱隔离，在网纱内开花、结果。当果实达到

商商品成熟后进行复选，对初选的单株，根据果实形状、大小、颜色、果肉厚薄、辣味浓淡、生长势、抗病性等性状选择典型单株 30 株左右。种果红熟后，按熟性、丰产性、抗病性等选出 10~15 株单株，分株采收留种。

②株行选种。将单株选的种子，按株播种、育苗，按株行适时定植。每个株行定植 50 株。观察株行的整体表现，并对叶、花、果进行鉴定，记载始收期、采收前期和中后期的产量，入选株行分别采收自交果，掏籽留种。

③株系选种。将株行选种的种子和对照种子分别育苗，按株系适时定植，田间鉴定标准同株行选种。选出符合原品种性状、纯度一致、产量高的株系，当选株系种果混合采收、留种。

④原种选种。将各株系混合采种的种子，及时播种、育苗，适时定植，注意要与其他辣（甜）椒间隔 500 米以上，或用塑料网纱棚隔离。在种株生长过程中，严格去杂去劣，以第二、三档果实留种作原种用。

（2）辣椒常规种良种采种技术

辣椒良种生产田间隔距离应在 400 米以上，或用塑料网纱棚隔离。

①选留种果。门椒及早摘除，以第二、三档果实作留种果实，生长势强的品种可留第四档果实。

②去杂去劣。在分苗、定植时剔除病株、劣株、杂株的基础上，开花期、坐果分别选择植株各一次，按照品种特征特性，淘汰不符品种典型性状的其他植株。

③采收种果。辣椒从开花到种果成熟需要 60 天左右，果皮红熟进行株选与果选，大果型甜椒每株留果 4~6 个，小果型辣椒留果十几个到几十个。分批采收，待种果后熟 2~3 天后，即可采种。

④采种。采种时用手掰开果实，或用刀自萼片周围刻一圆圈，向上提果柄，将种子与胎座取出，剥下种子。辣椒单果种子数多达 400 余粒，少的 100 粒左右。从种果上剖取种子，不能用水淘洗，将种子置于通风

处的纱网上晾干，晾晒时不要将种子直接放在水泥地上或金属器皿上，在阳光下暴晒，容易烫伤种子。当种子含水量降到 8% 以下时，即可贮存。辣椒因品种不同，种子产量也不同，牛角椒每 50 千克鲜果，可收种子 2 千克，每克种子有 200 粒左右；甜椒每亩可收种子 10~15 千克。辣椒扁圆形，黄白色或金黄色。

3. 辣椒杂交种采种技术

辣椒杂交种优势强，产量高。杂交采种多采用人工去雄或雄性不育系杂交采种。杂交种采种多在塑料大棚内进行，网棚隔离。

（1）人工去雄杂交种采种技术

①播种。采种田育苗技术同常规品种的良种生产，但父母本要分期播种。当父母本始花期相同或相近时，父本比母本应提早 6~9 天播种；如果父本始花期比母本迟的，父本应提早 15~20 天播种，保证父母本花期相遇。

②定植。定植时采用父母本分别集中连片定植，父本比母本提早 7~15 天定植，栽植比例为 1：3~4。母本用大小行定植，大行距 50~60 厘米，小行距 40 厘米，株距 25~27 厘米，单株栽植，父本可适当缩小株行距。空间间隔距离在 500 米以上，塑料大棚采种可采用纱网隔离。

③去雄。辣椒去雄应做到"快、准、净"三原则。"快"就是要速度快，提高去雄工作效率。"准"就是要去雄位置准确无误，不伤及柱头。"净"就是去雄要彻底干净，无残留花药。辣椒母本去雄目前有两种方法，其一是用镊子去除雄蕊，另一种是用手将花瓣和雄蕊一并去除，同时并撕掉一点萼片，作为杂交标记。使用这两种去雄方法在坐果率和单果种子数量上相差不大，然而第二种方法省时省工，可大大提高制种功效。在去雄过程中应严格选择大小合适的花蕾，如果所选花蕾过小，降低坐果率，结实后单果种子数量少，因此应选择未散粉的最大花蕾为去雄对象。

　　在去雄前，根据株高、株型等特征特性，进行去杂、去劣，并将母本植株上的花与果实及门椒以下的侧枝全部摘除。

　　一天中以上午6~8时、下午4时以后进行去雄较好，避开中午高温，以提高杂交结实率。

　　在母本植株上选择次日要开的花蕾，花由绿变白、冠端略比萼片长的大花蕾，但花药已开裂的花蕾不能用，要注意摘除。

　　④授粉。在采花粉前，对父本进行严格去杂，以保证来种纯度。辣椒花粉生活力较弱，采用当天新鲜花粉授粉。在开花当天下午，在父本植株上选择将开而未开的大花蕾摘下，除去花冠，取下花药放入采粉器中带回。将取回花药在35℃以下尽快干燥，花药干燥及花粉筛取方法同番茄。

　　授粉应在去雄后第二天进行，授粉时间最好在上午露水干后尽早进行，这时湿度大，结果率高。授粉时，用特制的玻璃管授粉器或铅笔的橡皮头蘸上花粉轻轻涂抹到已去雄的柱头上，授粉时花粉的量要足、匀，柱头接触花粉的面积要大，提高授粉结实率。在授粉过程中，如遇高温或低温阴雨天，应重复二次授粉，通过增加授粉次数，提高授粉率，从而增加单果种子数量，以保证杂交种子产量不受影响。

　　⑤采种。授粉后50~60天，种果达到红熟时，分期分批采收，以3~4天采收一次为好。采收时要做到无杂交标记果不采，病果、烂果、落地果及枯死植株上的果不采。

　　辣椒是一种浆果，但汁液较少，胎座不发达，果皮和胎座之间形成很大空腔，种子着生在中轴胎座上。将种果带柄摘下或剪下。凡皮薄辣味品种，可将果柄扎起来，挂藏风干留种。厚皮甜味辣椒品种，应及时将种果切开，剥出种子，这样的种子很清洁，不用冲洗，晒干后即可收藏。辣椒种子（番茄、茄子相同）不宜高温曝晒，容易降低发芽率，以在35℃以下风干为好。辣椒因品种不同，每亩采种种子产量也不相同，甜椒每亩可收种子10~15千克；牛角椒每50千克鲜果可收种子 2 千克，每克约有种子 200 粒。

（2）辣椒雄性不育（两用）系杂交采种技术

辣椒采用雄性不育系生产杂交种，省去蕾期人工去雄，简化采种过程，可降低采种成本，提高杂交种纯度。

①核雄性不育两用系杂交采种技术。播种及定植。辣椒雄性不育两用系的不育株与可育株各占 50%，当采用两用系作母本时，播种量和播种面积比人工去雄杂交制种增加一倍，单株定植，株距缩小一半，行距不变。

可育株鉴别与拔除。一般在门椒和对椒开花时鉴别母本株的育性，不育株花药瘦小干瘪，不开裂或开裂后无花粉，柱头发育正常。杂交授粉前，对母本应逐株检查其育性，将母本田中 50% 的可育株拔除。在授粉初期如发现未拔净的可育株，应及时拔除，防止假杂种。

授粉。授粉前将不育株上的花和果实全部摘除，选择当天开放的花粉进行授粉，授粉后的花应掐掉 1~2 个花瓣作为标记。

②用雄性不育系杂交采种技术。以雄性不育系为母本，以恢复系为父本，母本和父本以 3~4 ∶ 1 定植，开花时取父本花粉给不育系授粉，不育株上结的种子为杂交种。

在授粉前拔除杂株、劣株，选择当天开花的花粉授粉。

十二、瓜类蔬菜采种技术

瓜类蔬菜属葫芦科异花授粉一年生蔬菜，起源于热带，很早传入我国，在国内各地广为种植。瓜类蔬菜有黄瓜、南瓜、冬瓜、葫芦、丝瓜、苦瓜、西瓜和甜瓜等。

瓜类蔬菜植株茎蔓生，根系以南瓜最发达，较耐瘠薄土壤，黄瓜根系最弱，喜肥水。瓜类蔬菜在生育期中要求较高的温度，适宜生长温度白天为 20℃~30℃，夜间为 13℃~18℃，其中黄瓜较耐低温，南瓜耐低温和高温能力均较强，西瓜喜高温，在 30℃、强光照条件下，同化能力强，气温升至 40℃时，仍可维持较强的同化作用。

瓜类蔬菜花器官为单性花，分为雌花和雄花两种（图18），着生在同一植株上。雌花花冠为黄色，少数白色，上分为五裂片，合于同一花筒上，花萼 5 片、绿色，雌蕊位于花冠基部，柱头先端分为 2~3 裂，

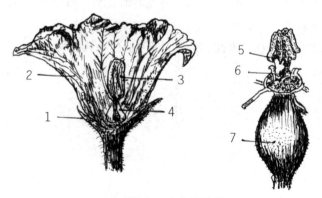

图18　瓜类的单性花

左：雄花　右：雌花

1.花萼　2.花冠　3.花药　4.花丝　5.柱头　6.花柱　7.子房

这与子房里的心皮数相同，子房下位。雄花的花冠和萼片与雌花相同，雄蕊5个，花药向外翻卷，合生呈柱状或波浪形，花为侧芽，从叶腋中长出，先生雄花，后生雌花。雌花因品种特性不同，有主、侧蔓均着生雌花的，也有只着生于侧蔓的。雄花数目常数倍或十倍于雌花。开花时间多在清晨，阴天则延长至中午，少数夜晚开花。

瓜类蔬菜雌、雄花均有蜜腺，花粉由蜂、蝇等昆虫传播，属虫媒花。各个种内的变种和不同品种，在安排采种田时，必需注意隔离距离，在1000米以上。

（一）黄瓜采种技术

黄瓜属雌雄同株异花授粉，虫媒花，茎蔓生或攀援，在蔬菜生产中是种植面积较大的瓜类蔬菜之一，保护地和露地均可生产。有春黄瓜、夏黄瓜、秋黄瓜3种生态类型，生长期适宜温度白天20℃~32℃，夜间10℃~15℃。

采种黄瓜与商品黄瓜（嫩瓜）栽培技术基本相同，但采种瓜时果实生长期要延长20~40天，每株留种瓜2~4条，种植距离稍稀。

1. 黄瓜花器构造与开花结实习性

（1）花器构造

黄瓜的花有雌花、雄花之分，花的性别分化除了遗传因素外，也受环境条件的影响，如苗期在短日照低夜温条件下，有利雌花的分化。

黄瓜的花为单性花，个别品种也有两性花。雌花有明显的子房，为5裂合瓣花，短花柱，柱头3裂，子房3室，有的4~5室，每个子房里有20~30行胚珠，胚珠数可达100~500个。雄花5个雄蕊连成筒状。进入开花结实期时，先开雄花，后开雌花，自然异交率达53%~76%。

（2）开花结实习性

黄瓜花在天亮前开放，上午6~8时花冠全部展开，盛开时间1.0~1.5小时。每朵花从现蕾到开花需5~6天，花粉在开花前已具有发芽能力，到开花后发芽能力达到最高。花粉寿命只有1~2天，在4~5小时内活力最强。雌花在开花前后2天均能授粉，但以开花当天上午的受精能力最强，下午则显著下降。在授粉后4~5小时即完成受精，随后果实开始膨大。黄瓜雌花在受粉、受精不良时，也能结实，果实中没有或只有极少量的种子，称为"单性结实"。因此，采种生产上必须做好人工辅助授粉，提高结实率，增加种子产量。

黄瓜授粉后15~20天果实达商品成熟，50天左右果实达到生理成熟。成熟的种子形状扁平，长椭圆形，黄白色。一般单瓜可结80~200粒种子，千粒重30克左右。

2. 黄瓜常规种采种技术

（1）黄瓜常规种原种采种技术

黄瓜可四季栽培，不同栽培方式和不同季节，要求相应的专用品种。黄瓜的原种采种分为春季露地、夏季露地、秋季露地和保护地采种技术。对较耐低温、早熟、主蔓结瓜、抗霜霉病的品种，以春季露地采种为好；对抗病性、耐熟性和抗涝能力强的品种，以夏、秋采种较好；而耐寒、耐大温差、对枯萎病，白粉病抗性强的品种，应选择保护地采种的方式。

黄瓜是异花授粉虫媒花蔬菜，品种间易发生串花，采种时对隔离要求严格，要求隔离距离在1 000米以上，保护地栽培（如大棚）则采用网棚隔离。

①单株选择。单株选择是分3次进行。第一次在根瓜开花前，根据第一雌花的节位、雌花间隔的节数、花蕾形态、叶型、抗病性等，选择符合本品种主要特征特性的植株，早熟品种选第2~3瓜留种，而中、晚熟品种选腰瓜留种，腰瓜的种子产量高于根瓜；第二次在大部

分种瓜达到商品成熟时，根据瓜型、瓜数、节间长短、分枝性、结果性、抗性等性状进行复选；第三次在采种前，根据种皮色泽、刺棱特征、瓜型等，将不符合本品种主要特征特性的植株及种瓜淘汰。

②种瓜采收。种瓜在授粉后 40~60 天达生理成熟，果皮变黄褐、褐色或黄白色，果肉稍软时分批采收种瓜。种瓜收获后在阴凉处后熟 5~7 天，以提高种子的千粒重和发芽率。

③种瓜采种。取种时要将黄瓜种子周围的胶冻状物质除去，方法有发酵法、机械法和化学处理法。

发酵法是先将种瓜纵剖，把种子和瓜瓤一起挖出，放入非金属容器内发酵，发酵时间随温度不同而确定，15℃~20℃需 3~5 天，25℃~30℃需 1~2 天，每天用木棒搅拌几次，使之发酵均匀。当种子与瓜瓤分离下沉，除去上层污物，捞出种子，立即进行清洗、晾晒、保存。

机械法是用脱粒机将黄瓜果实压碎后再次加压，使种子与胶冻状物质分离，方法简单，但种子表面的胶物去除不净。

化学处理法是每 1000 毫升的果浆中净加入 35% 的盐酸 5 毫升，搅拌，30 分钟后用水冲洗干净，自然风干晾晒，当种子含水量降至 10% 以下时，装袋贮存。

（2）黄瓜常规种良种采种技术

①采种田选择。采种田要求隔离距离达 1000 米以上，同时要防止重茬种植。

②去杂授粉。苗期开始去杂去劣，尤其是第一雌花坐瓜前后，严格进行一次去杂。主要依据植株形态和瓜形、刺瘤、皮色、条纹等进行去杂。

③选择种瓜及授粉。采种田一般不留根瓜，要及时去掉。瓜型大的每株留种瓜 2~3 个，瓜型小的每株留种瓜 3~5 个。在温度较低或昆虫少时，应进行人工辅助授粉，即在开花当天上午取下异株上的雄花。用花药在雌蕊柱头上轻轻涂抹，或用干净毛笔蘸取花粉在柱头上涂抹，

也可放养蜜蜂。

④采瓜留种。达到生理成熟时及时采瓜，在淘汰畸形、烂瓜及有病瓜后，把采摘的种瓜置于防雨条件下后熟 5~7 天。然后用刀纵剖瓜为两半，将种子连同瓜瓤一起掏出，放入缸内发酵，当大部分种子与黏液分离而下沉时，停止发酵，捞出种子用清水搓洗干净后，放在草席或麻袋片上晾干，种子含水量低于 12% 时入库贮藏。

3. 黄瓜杂交种采种技术

黄瓜杂交种有很强的杂种优势。配制杂交种多采用人工杂交法、雌性系杂交法及化学杀雄法。制种过程中的育苗及栽培管理等技术与黄瓜生产田栽培相似。

（1）人工杂交采种技术

黄瓜花朵较大，人工去雄方便，大面积制种多采用此法。

①播期与行比。制种田隔离在 1000 米以上。杂交采种田花期相遇是采种成败的关键。根据父母本开花期的早晚，适期播种或错期播种，确保花期相遇。父、母本定植比例为 1∶3~6，为保证花粉供应，可适当增加父本种植比例。父、母本可隔行栽植，最好父、母本分别连片集中栽植。

②去杂去劣。在开花授粉前，根据双亲的特征特性，进行严格除去杂株、劣株，摘除母本上已开的雌花和已结的果实。

③去雄、授粉。进行杂交制种前，对母本选择第二、第三个以上的雌花，其余的雄花、已开的雌花、根瓜全部摘除。授粉前一天下午，将次日要开放、明显膨大变黄的父本雄花蕾和母本雌花蕾用接夹夹持花冠隔离，防止串粉混杂。注意夹持部位应在花的 1/2 以上处，以防夹持花冠过多伤及雌花的柱头，影响授粉结实。第二天上午 6~8 时摘下隔离雄花，去掉花瓣，用花粉直接涂到隔离的雌花柱头上，这是直接对花授粉。授粉后将母本雌花重新荚花隔离，在花柄上用一标记线做

标记。每朵雄花可授 3~4 朵雌花。母株上每株选留 1~4 条种瓜后结束授粉；授粉后要定期检查，及时摘除母株上未经标记的自交瓜，只保留具有杂交标记、瓜顶膨大、发育好的杂交瓜。

④种瓜采收与采种。当杂交的种瓜变黄或变成褐色时，即可采收，按标记逐株采收，切勿混杂。

（2）雌性系杂交采种技术

雌性系黄瓜只长雌花，不长雄花的品系，性状可遗传。利用雄性系作母本进行杂交采种时，可省去人工去雄操作，降低制种成本，提高种子质量。

①雌性系的繁殖。雌性系繁殖是采用人工诱导雌性株产生雄花，具体做法是在幼苗二叶一心时，用0.2%~0.4%的赤霉素喷叶面和生长点，每隔5~7天喷一次。定植时经过处理的植株与未经过处理的植株以 1：3 的比例栽植。为使花期相遇，将处理的植株提前 10~15 天播种，用诱导的雄花给纯雌株的雌花授粉，收获的种子为雌性系。

②杂交采种。先调节父母本播种期，确保花期相遇，以父本稍早于母本为好。以雌性系为母本和父本系按3：1的行比种植，开花前认真检查，拔除母本雌性系中有雄花的杂株，以免产生假杂种。利用父本的花粉给雌性系人工授粉，或令父母本自然授粉，在雌性系上收获的种子即为杂交种。要求采种区周围 1000 米内不能种植其他黄瓜品种。雌性系单株坐瓜很多，为保证种子质量，选留发育良好的 2~3 个果实为种瓜，其余全部摘除。在黄瓜授粉后 50 天左右，种瓜变成黄褐色，瓜皮变硬，种瓜已达生理成熟，可开始采收种瓜。注意在母本植株上采收杂种种瓜，在父本植株上采收父本种瓜，切不要混淆，种瓜采收后，放在阴凉通风干燥的地方，后熟 3~10 天。剖开种瓜，掏出种子和瓜瓤，盛放在缸、瓦盆或木桶中发酵。一般在 20 ℃ ~30 ℃条件下，经 2~4 天，瓜瓤即结成胶体浮在水面上，种子沉入底层。用流水漂洗干净后，将种子铺成薄层晒干（温度不可过高）或风干。在分离种子和瓜瓤时，

注意不要放在金属器皿里发酵，以免引起化学变化，使种子变黑，降低发芽率。发酵的时间不可过长，因瓜瓤胶体一旦水解，种子就易发芽。

黄瓜每亩可收种子 15~30 千克。种子千粒重为 15~30 克，每克约有种子 30~40 粒。种子内含胚根、胚芽和子叶等（图 19）。

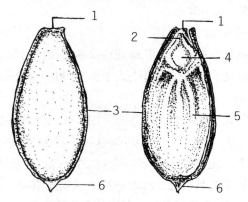

图19　黄瓜种子的外形与剖面
1.发芽孔　2.胚根　3.种皮　4.胚芽　5.子叶　6.刚毛

（二）南瓜采种技术

南瓜属中有南瓜、笋瓜、西葫芦、黑籽南瓜及灰籽南瓜 5 个种，其中普通栽培中有三种南瓜，在自然条件下，种间杂交的亲和性表现不同。杂交亲和力最高的组合是南瓜 × 笋瓜，每个果实中可得到 100~200 粒种子，杂种一代具有生长旺盛，丰产，耐热性强的特点；笋瓜 × 南瓜、南瓜 × 西葫芦等组合杂交亲和性高，但所结果实内含种子少；西葫芦 × 南瓜杂交组合，杂交果实中，仅能得到几粒种子，而且只有胚的不完全种子。然而，南瓜每个种的品种之间容易杂交，采收原种种子时，应注意品种间的隔离要在 1 000 米以上。这三种南瓜从花、果实与种子形态上看有很大差别（表3），从种子外形上也能分辨（图

20）。

表3 三种南瓜类型花、果实与种子形态特征的比较

性状 种类	花	果实	种子
南瓜	花冠裂片大，展开而不下垂，雌花萼片常成叶状	果实先端多凹入，果实表面光滑或呈瘤状凸起，成熟果肉有香气，含有较多糖分	种子边缘隆起而色较深暗，种脐歪斜，图钝或平直
西葫芦	花冠裂片狭长，直立或展开，萼片狭长而较短	果形小，早熟，成熟后外果皮极坚硬	种皮周围有不明显的狭边，种脐平直或圆钝，种子较小
笋瓜	花冠裂片柔软，向外下垂，萼片狭长，花蕾开放先端成截形	先端凸生或凹入，果实表面平滑，成熟果实无香气，含糖量较少	种皮边缘的色泽和外形与中部同，种脐歪斜，种子较大

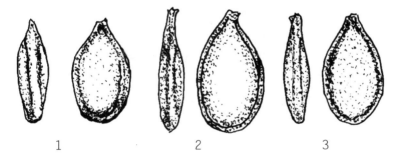

图20 三类南瓜种子外形的比较

1.南瓜 2.西葫芦 3.笋瓜

1．常规种原种采种技术

（1）南瓜采种技术

在生产上南瓜以采收嫩瓜为主，采种栽培技术与大田生产基本相似。在选留种瓜时，要选择雌花多、结瓜早，特别是短蔓品种，要选

择植株生长发育正常而健壮的作种株。选好种株后插扦作标记。

（2）人工授粉

在入选的种株上，选好雌花和雄花。在次日要开花的大蕾，用线扎或细钢丝夹夹住，次日清晨采集雄花花粉、对选好的雌花进行授粉。授粉后仍将雌花夹上，以防止其他花粉杂交。每一植株连续做2~3个雌花。

（3）选留幼瓜

在授粉后，摘除植株上的其他雌花。当授粉的幼瓜生长发育后，观察瓜的形状、颜色等性状，选择符合本品种特性的幼瓜，每株选留1~2个，促进种瓜充分生长发育。在幼瓜生长期间不断检查，选留符合品种标准性状的幼瓜，以提高种瓜质量。

（4）成熟种瓜的选留

南瓜采种栽培与商品种植可结合进行，选择植株生长势，瓜叶形状，结瓜部位和雌花、幼瓜的形状等性状，经过人工授粉后留种，每株选留一个种瓜。在品质上要求保留原有品种肉厚味甜的食味和性状。

（5）采收种子

留种的种瓜充分老熟，经后熟剖洗种子，晒干或阴干后收藏。南瓜在后熟过程中，种子易在果实中发芽，要注意后熟的时间不能过长，以免发芽造成损失。剖开种瓜时，应切开果肉后，用手掰开瓜瓤，以免切碎种子。

种瓜的种子多少，因品种而异，同一个品种中，不同种瓜种子的多少也不同，少的几十粒，多的400多粒。种子大小及千粒重也有差异，小种子为100~128克，大种子达160克。

2．种内杂交种采种技术

南瓜生产上极早熟和早熟品种多采用种内一代杂种。

播种时将种子平放，或将种子侧身植入基质内，使幼根向下伸长，这样幼苗出土后，子叶与行向垂直，便于管理。

（1）父、母本比例

父母本的比例为 1∶4~5。

（2）选留雌花

瓜类在低温、短日照条件下，植株易提早出现雌花、但着生雌花节位太低，易出现畸形瓜，选留 12 节以上的雌花，种瓜质量比较好。

（3）授粉与选留种瓜

在授粉前几天，将母本上的雄花蕾全部摘除，仅留父本的雄花，避免其他花粉串花。

南瓜开花较早，太阳升起后花药即开裂散粉，授粉应在早晨 8 时以前进行。

南瓜的花瓣大，花蕾容易扎住。在授粉前一天下午，将授粉雌花的花瓣用钢丝夹夹住，准备次日授粉。同时在授粉前一天，摘取次日开放的父本雄花大蕾，放在保湿桶里过夜，次晨雄花开放散粉，用一朵雄花授 3~4 朵雌花。授粉时，将母本雌花上的钢丝夹取下，雄花除去花瓣，左手持雌花，右手将雄花花粉涂在有分裂的雌花柱头上，涂满花粉后，仍将雌花花瓣夹住，扎线做好标记。

采种田与其他南瓜田要相距 1000 米以上，或放养蜜蜂传粉，进行天然杂交，每 5~7 亩瓜地放一箱蜂，但要注意摘除母本植株上所有雄花蕾，防止串花，但在阴雨天还需要进行人工辅助授粉。

种瓜应选留在 12~25 节内，每株可留种瓜 2~3 个。着生在第 12 节以下的瓜应摘掉，因早结的瓜形不正、种子少，同时影响植株的生长。当植株坐瓜后，将种瓜以下节位的枝蔓打去，主蔓到第 30 节时摘顶，以后任其自然生长，并将田间父本植株拔掉，这样全田生产的都是一代杂种种子。

（4）采收种子

种瓜授粉后 40 天，瓜皮变色、变硬，瓜柄变黄、变脆，即可采收。收后将种瓜堆在阴凉通风处，使其后熟 20~30 天。南瓜比西瓜耐贮藏，可在雨季过后取种。南瓜经后熟后种子发育充实，提高了发芽率，剖洗种子也容易。

3．种间杂交种采种技术

以晚熟种的笋瓜为母本，用南瓜为父本配制的种间杂种，植株生长旺盛，可作为黄瓜、西瓜、甜瓜的砧木，促进接穗生长健壮、抗病力强、使黄瓜、西瓜和甜瓜等瓜类获得高产。

种间杂种的亲本种子，放在干燥器内，发芽力可保存10年以上。种间杂种采种技术与种内杂种采种相似，现作简要介绍。

（1）母本的整枝

当母本植株定植后，生长有4~5片真叶时，摘去主茎顶端，促使叶腋中抽生侧枝，选留两个最强的侧枝，将其余侧枝全部摘除。作种瓜用的雌花，选留在侧枝第15节和22节上，每株留种瓜3~4个。

（2）父本前期管理

父本植株一般不整枝，早期的雌花要摘除，以免影响雄花的发育。如果出现雄花不能及时开放时，可适当摘去一些下部叶片，使雄花受到阳光照射，促进提前开花。

（3）人工授粉

在授粉前一天的下午，给母本雌花大蕾套袋时，同时摘除母本植株上的雄花蕾，并持续到授粉结束。在套袋时，同时采集父本上的雄花大蕾，花柄要长些。雄蕾采好后，放在有一定湿度的桶内，留待次日取花粉用。

（4）检查种瓜

在每个枝条上第二个种瓜坐果后，在种瓜前留2~3片叶摘心，种瓜在授粉20天后，进行仔细检查，对留种瓜做出标记，同时摘除不留种的劣瓜。

此外，冬瓜的采种技术可参照南瓜采种技术。

（三）西瓜采种技术

西瓜耐高温干燥，不耐寒，喜土层深厚的沙壤土。

西瓜从染色体分可分为二倍体（普通西瓜，2x）、三倍体（无籽西瓜，3x）和四倍体(4x)。杂交种可分为单交、三交和双交种等。在介绍西瓜采种技术时，以不同于其他瓜类的采种技术为主，相同从略。

1．西瓜花器构造与开花结实习性

（1）花器构造

西瓜花着生叶腋间，为单性花，雌雄同株异花，虫媒花（图21）。一般先生雄花，后生雌花。雌花花冠小而色淡，雄花花冠大而色深。

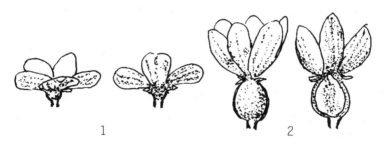

图21　西瓜的雄花与雌花形态
1.雄花　　2.雌花

花冠 5 裂，为黄色。雌蕊柱头 3 裂，子房下位，3 心皮，多胚珠。雄花有 3 个雄蕊，有药室。从 6~13 节开始，每节着生一朵或若干朵雄花；早熟品种第 6~7 节着生第一朵雌花，晚熟品种则在第 10 节以后才发生雌花。以后每隔 7~9 节（主蔓及侧蔓均如此）着生一朵雌花，雌花与雄花的比例为 1 ： 10~20。

（2）开花结果习性

雌花在开花前子房已相当发达，上午 5 时前后开放，雄花开花 3~5 分钟后出现花粉，授粉效果以 6~8 时最好，授粉后 3 小时花粉管伸入花柱，2~3 小时完成受精过程，随后子房迅速膨大形成果实。西瓜果实由果皮、瓤肉（胎座）、种子三部分组成。果实从开花到成熟需 30~40 天，种子呈扁平的卵圆形或椭圆形，有白色、浅黄色、褐色、黑色及红色。单瓜结籽数不等，一般为 300 粒左右。千粒重相差较大，小粒品种 50 克左右，大粒品种 140 克左右。

2．西瓜常规种采种技术

（1）常规种原种采种技术

采用"自交混繁法"两年两圃制采收原种。方法是用人工套袋自交，选择单瓜，分瓜播种，进行比较、鉴定，当选的自交单瓜混合繁殖。原种圃与自交单瓜系圃均应隔 1000 米以上。

①单株选择及自交。在原种田或生长好的大田，选择具有本品种典型性状的优良单株。在主蔓上第 15 节的雌花（第二、第三雌花）开花时，套袋进行人工自交、挂牌标记。待种瓜成熟后逐个进行考种，测定含糖量、观察肉质、肉色、种子大小、种子颜色等，要符合本品种的特征特性。选用的瓜分别编号、采种、保存，下年种成单瓜系。自交单瓜系每年取出少量种子或种 20~30 株苗，按编号种植，套袋自交，选单瓜留种。

②自交单瓜系圃。上年当选的自交单瓜种子按编号分别种成单瓜系圃，分系比较鉴定，每个单瓜系种一个小区，生长过程中严格去杂、去劣。待瓜成熟后，当选系混系留种。

③原种圃。将上年的混系种子种在原种圃。做好去杂、去劣及田间管理工作。当年所收获的种子即为原种，可供以后繁殖良种使用。

（2）常规种良种采种技术

良种采种田除了隔离和高产栽培管理外，重点做好两项工作。

①选留种瓜和人工授粉。当瓜蔓长出 8~12 片真叶时，雌花便开始开花，选留主蔓第二瓜和侧蔓第一瓜作为种瓜。种瓜坐住后再进行选瓜，将每植株上两个种瓜中选留一个，另一个瓜疏去。人工辅助授粉可显著提单瓜结实率及采种量。

②采摘种瓜与清洗种子。开花后 35~50 天种瓜，达到生理成熟，此时可采摘种瓜。种瓜采摘后应后熟 3~5 天再进行取籽。切开种瓜，将瓜种连同瓜瓤一同装入木桶或大缸里发酵一夜，待冲洗干净后晾晒，种子干燥后贮藏；也可将瓜种连同瓜瓤装入编织袋，扎紧袋口，用脚踏踩，挤出瓤汁，再用水洗的办法取种。

3. 西瓜杂交种采种技术

西瓜采种一般采用人工杂交的方法。杂交种西瓜分有籽西瓜和无籽西瓜，这里主要介绍无籽西瓜杂交采种技术。

无籽西瓜种子由四倍体西瓜与二倍体西瓜杂交获得。二倍体西瓜是普通西瓜，其采种技术已如前述。四倍体西瓜由二倍体西瓜经过秋水仙碱处理而得，其生育特性与二倍体西瓜有所不同。所以在繁殖三倍体西瓜之前，先得繁殖质量好、数量适当的四倍体西瓜种子。三倍体、四倍体与二倍体西瓜种子外部形态不同（图 22），可以比较、识别。

三倍体种子种胚不充实，种壳表面常凹陷不平，珠眼突出，种壳上有较深的木栓质纵裂。

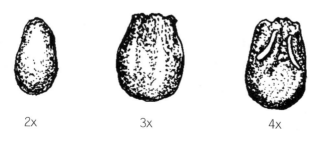

| 2x | 3x | 4x |

图22　三倍体、四倍体与二倍体西瓜种子形态的比较

四倍体种子种胚圆状，与三倍体有明显区别，种壳表面常突出，珠眼突出，种壳上一般有木栓质纵裂。

二倍体种子种胚较小，珠眼不突出，脐部较窄，种壳上无纵裂。

（1）四倍体西瓜采种技术

四倍体西瓜具有较强的抗病（炭疽病、枯萎病和白粉病）能力，耐热性和耐肥性较强。生育期要求适当的高温，育苗时最适气温为26℃左右，夜间最低温19℃。苗期生长缓慢，但种子发芽较三倍体种子容易，发芽适温为30℃左右。节间短，分枝性弱，果实成熟较迟，从开花至果实充分成熟需33天。在盛夏高温期生长势旺盛，结果良好，高温干旱时易发生病毒病。单瓜种子数少，有40~50粒，多的约100粒，少的只有几粒或十几粒，只有二倍体西瓜种子的20%左右。

因此在繁殖四倍体西瓜种子时，除按二倍体西瓜（即生产商品瓜）的栽培管理外，还应抓好几个环节。

①合理密植。密植是适应四倍体节间短、分枝性弱的特点，又能增加单位面积果实数，提高采种量。一般以行距1.7~2.0米，株距40~50厘米，2~3蔓整枝法，每蔓选留一个瓜为合适。

②增施肥料。施肥量比二倍体西瓜增加2~3成，注意满足前期多肥的需要。采种田每亩施用优质有机肥料2000~3000千克，并掺和过磷酸钙30千克和草木灰100千克为基肥。苗期可结合浇水施用0.5%硫酸铵和过磷酸钙水溶液，亦可用0.3%尿素浇施，每株用肥料溶液0.5千克。

③及时灌溉。短期干旱易使西瓜受害。生长前期可节制用水，抽蔓后和果实膨大期要及时灌溉，以满足四倍体植株旺盛生长和多肥的需要，减少病毒病的发生和蔓延。

（2）三倍体无籽西瓜采种技术

①父母本的准备与配置。繁殖三倍体西瓜种子，除参照二倍体、四倍体西瓜种子的繁殖技术外，要注意在繁殖三倍体西瓜种子时，必

须经常注意选纯，提高和繁殖四倍体母本和二倍体父本品种种子，只有准备足够数量的父、母本纯种，才能繁殖优良的三倍体西瓜种子。

为了在单位面积上收到较多的三倍体西瓜种子，在满足母本受粉需要的情况下，应尽量扩大四倍体西瓜的种植比例。

②授粉方法与效果。西瓜采种生产上多采用昆虫传粉和人工辅助授粉的方法采种。父、母本田间配置一般采用1（2x）：4（4x）或1（2x）：3（4x）栽植，边行均种植二倍体父本品种，以利于授粉。

为了防止四倍西瓜的品种内自交，在雌花开花前应将雄花在开花前全部摘除。每天下午检查，将雄花蕾去除干净。当母本四倍体本身的雄花蕾除净后，则四倍体所接受的花粉是二倍体的，所结种子全是三倍体种子。

为了提高坐果率，增加单瓜种子数，在母本的雌花开放时，除了昆虫传粉外，在清晨6~9时，进行人工辅助授粉。晴天时，通常在清晨5~6时花瓣开始松动，6~7时花药开始裂开，散出花粉。刚开放的雌花受粉力最强，2小时后变弱，温度越高活力减退越快，10时以后或母本柱头上出现油渍状黏液时受精能力极差，此时切勿进行人工授粉。

采摘在当天早晨未开放的套袋父本雄花，采下后放到上口较大的容器内，盖上遮阳物，待自然开放后给母本雌花授粉。

授粉方法有两种：一是对花法。授粉时轻轻托起雌花花柄，使其露出柱头，然后将选好的雄花，花瓣外翻，露出雄蕊，将花粉在雄花的柱头上轻轻涂抹，切忌用力过大，碰断柱头。西瓜雌花柱头都为3裂，授粉时要在柱头每裂上完全均匀地授上花粉，避免出现畸形果，采种量下降。注意用足够的花粉给雌花重复授粉，增加受精胚珠的数量。

二是蘸粉法。将广口瓶或硬纸盒内雄花散落的花粉混合，然后用软毛笔蘸取花粉，对准雌花柱头，轻轻涂抹。

授粉要注意涂抹均匀，看到柱头有明显的黄色花粉，否则授粉不会，导致瓜内种子分布不均匀，种子粒数少，造成制种产量降低，还可能出现歪把瓜。每天授粉前检查母本田，将漏摘的雄花花蕾摘下够，即埋于土下，切不可扔到瓜田内。

每个授粉后的雌花都有立即套帽并做好标记，即用备好的不同颜色的毛线条，系于坐瓜节位的茎蔓上，以便采瓜时辨认。这样能确认该花已授粉，防止重复授粉，而且便于确定西瓜册成熟期，做到适时采收。

授粉后次日下午，如果雌花果柄弯曲下垂生长，子房前段开始触地，表明授粉成功。如果雌花果柄仍然向前伸直，表明没有授上花粉，此时应重新进行授粉，或在植株上另选其他雌花进行授粉。

③提高采种量及种子质量。在无籽西瓜种子繁殖田内，绝大部分是四倍体母本植株。因此采种技术与四倍体西瓜原种繁殖的关键措施基本相同。

由于杂交瓜内三倍体种子数少，种胚发育不充实，采种量少，发芽率低，生产中存在的问题。

提高三倍体的采种量，要注意选择本地区的四倍体品种、三倍体组合及适宜的播种期。提高采种量另一个方法是合理的密植，增施磷、钾肥料，促进种胚发育，改进种子质量，提高发芽率。

④采种和调制。充分成熟的三倍体种瓜采收后，可立即采种，未充分成熟的种瓜要后熟 5 天左右，成熟时不要在阳光下曝晒，平放在室内干燥阴凉处，不要堆积。

三倍体种子采种后，立即将种子搓洗干净，清除秕籽后晾干。清洗种子时最好在晴天上午，晾晒是经常翻动，是尽快干燥，干后及时收藏。种子曝晒时间不可过长，在傍晚或阴雨天清洗种子，都会影响种子的发芽率。

十三、豆类蔬菜采种技术

豆类蔬菜为一年生豆科蔬菜，主要指嫩豆荚和鲜豆粒供食用，有菜豆、豇豆、毛豆、豌豆、蚕豆、扁豆、刀豆等，各地普遍栽培。

豆类蔬菜生长期短，品种类型多，周年生产供应。豆类蔬菜除蚕豆为常异花授粉蔬菜外，其余都是自花授粉蔬菜。蚕豆、豌豆耐寒性较强，其他豆类蔬菜多为喜温或耐热类型，开花、结荚的适宜温度为15 ℃~30 ℃。部分豆类蔬菜对光照敏感，通过发育要求短日照条件。但经多年种植和选择，其中菜豆和豇豆对光照要求不严格，有些早熟毛豆品种亦属于短日照蔬菜。早熟毛豆品种在长日照季节或地区种植时，易出现茎叶徒长、开花结荚延迟的现象。豆类蔬菜除蚕豆外，均可分为矮生种和蔓生种两类。矮生种类型植株长到50厘米时，顶芽形成花芽，抽生花序，进入开花结荚期；而蔓生种茎长成蔓性，茎向左旋，绕着支架向上延伸，花序要到第6~12叶节才抽生，每花序有花2~10朵。豆类蔬菜为蝶形花，多为自花授粉，天然杂交率低，花冠由旗瓣、翼瓣及龙骨瓣构成，花瓣颜色有白、紫、红等色，有雄蕊10枚，其中9枚基部合在一起，另一枚单生。矮生种顶端花序先开花，腋生花序后开花；蔓生种下部花序先开花，其余花序渐次由下向上开放。花在清晨开放，开放后不再闭合，约经2~3天凋萎。整个植株的花期，矮生种约为一个月，蔓生种延续三个多月。雌蕊在开花前为自花授粉，自交结实率高。但个别品种天然杂交率也超过50%的。为避免生物学混杂，豆科蔬菜不同品种之间的采种田，间隔距离应在200米以上。

豆类蔬菜的种子较大，种子内无胚乳，子叶发达，贮藏大量营养物质，容易发芽，有的子叶出土，如菜豆、豇豆、毛豆等，有的子叶不出土，如豌豆、蚕豆等。豆类蔬菜子叶与其他蔬菜子叶不同，是贮藏养分的器官,一般不进行同化作用,当贮藏的养分消耗完毕后就脱落。

各种豆类蔬菜的根系均与根瘤菌共生,根瘤菌的活动对豆类蔬菜的生长具有重要的作用。

(一)菜豆采种技术

菜豆又叫四季豆,芸豆、玉豆等,原产中南美洲,全国各地均有栽培。

菜豆按生长习性可分为蔓生种、半蔓生种和矮生种。

菜豆为喜温蔬菜,不耐霜冻,可在 10 ℃ ~25 ℃温度条件下生长,以 20 ℃左右为最适宜。对光周期的反应因品种而不同,有长光性、短光性,但多数品种属中光性,对光照长短要求不严格。

1. 生育特性

菜豆的花为蝶形花,花冠有白、黄、紫及玫瑰等色。龙骨瓣呈螺旋状卷曲,雌蕊和雄蕊包在壳内。雄蕊先熟,为自花授粉蔬菜。总状花序,每花序有花数朵至十余朵。花序着生部位,矮生种多着生在主枝 4~8 节的叶腋处和枝条的顶端,每株花序数少,花期短。蔓生种花序为腋生,随茎蔓的生长,花序陆续发生,花序数较多,花期较长。菜豆开花的顺序性,矮生种不规则,蔓生种从主侧枝的最下位向上陆续开花。菜豆开花从夜间 2~3 时开始,至次日 10 时结束,以早晨 5~7 时为最多。雌蕊的受精能力从开花前三天开始有效,至开花当日结荚率渐高。菜豆结荚率一般为 20%~30%,多者不超过 40%~50%。豆荚可分为有正常种子的荚、种子发育不完全的荚与没有种子的单性结荚。

2. 矮生菜豆采种技术

矮生菜豆主蔓短而自封顶,每株的花序少,花期短。通常第一对真叶的叶腋间就开始花芽分化,以后每节都分化花芽,主蔓在 4~8 叶节后,顶端形成花序,下部各叶节均可抽生侧枝,各侧枝生长数节后,生长点形成花芽而封顶。顶端的花序约有花数 5~8 朵；以下的花序花数逐渐减少；菜豆开花顺序多为顶端花先开，而后渐次向下开放。矮生菜豆主茎上花数较少，大部分生在侧枝上，从播种到开花需 35~40 天；全株开花期为 12~19 天。菜豆种子的色泽以红棕色和白色为多，单荚种子数为 5~7 粒，种子千粒重 300~400 克。

（1）选择采种地

菜豆喜温而不耐低温及高温，要选择凉爽、温差大、收获期雨水少的季节或地区采种。留种地应选择排水良好、地势高燥、土质疏松、肥力中等的田块。注意采种地不同品种间仍需间隔距离 100 米以上。

（2）适时播种

播种期会影响结荚率及种子产量，适时播种是获得种子高产的关键之一。北方以春播夏收为主，南方以夏末或早秋播种、晚秋采收较为适宜。露地春播宜在终霜期后，气温稳定在 10 ℃以上时进行；保护地育苗可提前 15~20 天播种。秋播一般采用直播，在距霜前 110 天，利用苗期较耐热的特点度过炎夏，秋凉时开花结荚。每亩用种量育苗移栽为 3 千克，直播则需 5 千克。

（3）合理密植

矮生菜豆的种植密度，春季行距 30 厘米，穴距 30 厘米，每穴 2~3 株；秋季行距 30 厘米，穴距为 25 厘米，每穴 2~3 株。提高种植密度，可提高单位面积种子产量，而稀植可增加原种的繁殖系数。

（4）及时采收种子与后熟

菜豆在开花后 5~10 天豆荚明显伸长，开花 15 天可后，豆荚可达到品种固有的长度；在开花后 10~20 天种子迅速增大，至开花后 40~50 天，种荚变黄、种子充分成熟，即可连株拔起，晾晒后脱粒，每亩种子产量为 50~100 千克。采种时，温室中的种子产量和质量明显较露地为好。而北方的种子产量较南方为高、种子质量也较好。即使同为南方采种，秋季的种子产量也比春季高而稳，种子质量也较好。

（5）品种保纯

做好菜豆品种保纯，要注意不同品种间的间隔距离达到100米以上，初花期及时除去病株、畸形株及不符合品种特征的植株，在第一批豆荚达到商品成熟时，应除去非本品种的植株，在种荚采收前，根据成熟荚性状和豆粒性状，淘汰变异植株。

3. 蔓生菜豆采种技术

蔓生菜豆花序为腋生，随着茎蔓向上生长，花序陆续发生，花序总数多，花期较长。播种后25天左右，开始花芽分化，从播种到开花需45~55天，开花期为25~45天，开花时间、花的寿命及受精能力与矮生菜豆相似。

（1）选择采种地

蔓生菜豆采种地区要求不严格，一般蔬菜地均能获得较高的种子产量，种子质量也较矮生菜豆为好。

（2）密植与引蔓

蔓生菜豆采用双行种植，行距50~60厘米，株柜为20厘米。每穴2株。春季采种宜育苗移栽，秋季采种可直播，出苗后植株出现卷须时，及时引蔓上架。

（3）及时采种

当菜豆种荚从青绿转为黄色、弯曲不易折断时，种子已达到成熟，要适时采种。若采种过迟，种荚容易裂开，使种子脱落田间，或遇雨时种子会在种荚内发芽；相反，采收过早，将影响种子发芽率。

采收种荚最好在早上露水未干时进行，以免成熟种荚开裂，损失种子。采收后经1~2周后熟，即可以脱粒。少量种子可用连枷敲打或碌子压碾，大量种子采用脱粒机。菜豆种子在脱粒清选时会受到机械损伤，影响种子的发芽和幼苗生长。用脱粒机脱粒时，注意将滚筒转速每分钟降低到400~500转。豆种脱净清选、干燥后即可收藏。

每亩留种田种子产量为 80~100 千克。千粒重为 300~400 克。菜豆种子肾脏形（图 23），大小不一。种子的色泽有红、白、黄、黑及各种斑纹彩色，为豆类之冠。

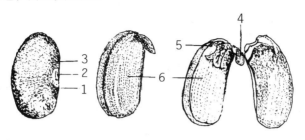

图23 菜豆种子的外形与剖面
1.种瘤 2.脐 3.发芽孔 4.胚根 5.胚芽 6.子叶

（二）毛豆采种技术

大豆原产我国，栽培历史悠久。采收鲜嫩豆荚作蔬菜食用称毛豆。毛豆为一年生豆科蔬菜。毛豆喜温暖，生长最适温度 20 ℃ ~25 ℃，属短日照蔬菜。有限生长类型的早熟品种，对光照长短要求不严格，春秋两季均可栽培。无限生长类型的晚熟品种，多属短日照类型。在毛豆引种时要注意，北方品种南移往往会提早开花，而南方品种北移，则茎叶繁茂，延迟开花。

1. 生育特性

毛豆为短总状花序，花序着生在各节叶腋间。每个花序有花 10~15 朵，最多可达 40 余朵。毛豆系自花授粉，果实为荚果，每个花序大多结 3~5 荚，每荚含种子 1~4 粒。毛豆开花期为 14~30 天。

毛豆种子生产过程中，由于机械混杂和天然杂交，很容易使品种失去应有的纯度和种性。在毛豆结荚成熟过程中，易受食心虫等病为害，遭遇早霜和高温多雨及粗放采收脱粒等因素，都会降低种子发芽率和活力。因此严格进行毛豆种子生产管理是提高纯度、保证质量的有效措施。

2. 原种采种技术

（1）选择单株

毛豆单株选择在纯度较高的采种田中进行，根据品种特征特性，选择典型性强、生长健壮、丰产性好的单株，在开花期根据花色、叶形、病害等情况，进行复选，做好标记；在成熟期根据株高、成熟度、茸毛颜色、结荚习性、株型、荚形和荚色等选择。选择数量根据原种需要量确定，每一品种每亩需选株 400~500 株。入选植株在室内选择籽粒大小、整齐度、光泽度、粒形、粒色、脐色、百粒重等典型性强的丰产单株，各单株在剔除病粒、虫粒后、分别装袋编号保存。

（2）株行鉴定

将上年入选的种子，按单株分别种成株行，行长 5~10 米，每隔 19 行或 49 行播种一个对照行，对照种采用同品种原种。田间鉴定分三期进行：苗期根据幼苗长相、幼茎颜色等；花期根据叶形、花色、叶色、茸毛色、感病性等；成熟期根据株高、成熟度、株型、结荚习性、茸毛色、荚形和荚色等鉴定品种的典型性和各株行内植株间的整齐度。通过鉴定淘汰典型性差的、有杂株的、丰产性低及病虫害严重的株行。对入选株行中个别病劣株要及时拔除，然后混合收获、脱粒，所得种子供下年繁殖原种。

（3）混合繁殖

将上年混合收获的种子稀播繁殖，即为原种。原种地应加强田间管理，严格去杂去劣，余下的单株混合收获即为原种。

3. 常规种采种技术

（1）常规种采种方法

毛豆常规种采用株选法和片选法两种，也可采用改良混合选择法。

①株选法。当毛豆成熟时，在田间选择植株健壮、结荚多，具有典型性状的优良单株混合脱粒，留作下年种子田用。选株的数量依种子田需种量而定。株选法选择细致、提纯效果好，但比较费工，适用于小面积种子田采用。

②片选法。确定选种地块后，在毛豆开花期和成熟期进行两次去杂去劣，然后单收、单藏，作为下年大田生产用种。片选法提纯效果不如株选法，但简单易行，适于留种量较大的良种生产。

（2）采种田管理

①选择地块。毛豆种子田应选择土壤肥沃、肥力均匀、地势平坦、旱涝保收、不受禽畜力害的地块。采用轮作种植，切忌重茬。

②注意隔离。毛豆虽为典型的自交作物，但也存在一定的天然异交率，一般为 0.5%~1%。若将不同的品种相邻种植，不进行适当隔离，就有可能发生品种间杂交，造成生物学混杂，影响种子纯度，因此须进行隔离。原种田隔离距离为 10~20 米，种子田为 5~10 米。

③田间管理。种子田用种要用原种。播种前采取粒选和筛选的方法，去掉虫蛀粒、破碎粒、病粒、混杂粒和夹杂物，提高种子质量。

适时早播。春播毛豆受地温条件影响大，当 5 厘米土层日平均温度稳定在 10℃~12℃为适宜播种期；夏播毛豆，生长季节较短，需抓紧早播。播种期早于大田生产，播种密度可适当偏稀，做到精量点播。

增施肥料，施肥量高于生产田，保证毛豆对养分的需要，生产优质种子，提高种子的市场竞争力。

及时中耕除草。通过中耕除草把杂草消灭在幼苗阶段。在结荚期必须彻底清除杂草，降低种子含草籽百分率。

④严格去杂去劣。毛豆种子田在不同生育期进行去杂去劣，即在幼苗期、开花期和成熟期分 3 次进行，以成熟期为主。苗期可结合间苗进行，按幼茎颜色（紫色和绿色）拔除混杂的植株；开花期去杂可

根据花色（紫色、白色）、叶形、茸毛色等拔除；成熟期去杂可根据结荚习性、株高、荚熟色、茸毛色、熟期和倒伏等性状，进行严格去杂。

在收获脱粒和贮藏期间，要做到单收、单运、单脱粒、单独贮藏，严格执行毛豆良种生产技术操作规程，防止机械混杂。

⑤适时采收。当留种植株上的种子完全成熟，植株变干枯、叶黄、豆荚变成褐色或黑褐色，豆粒干硬、豆粒和荚壁脱离，摇动荚内发现响声时，在豆荚未开裂前采收。

在收获脱粒期间，要做到单收、单运、单脱粒、单独贮藏，严格操作规程，防止机械混杂。

毛豆每亩可收种子 150~200 千克。种子千粒重为 175~300 克。

种子椭圆形或长椭圆形，种粒黄白、黄、绿、褐色，种脐褐色、浅褐色等。

（三）豇豆采种技术

豇豆又叫豆角、长豆角、带豆等，为一年生豆科蔬菜，原产亚洲东南部热带地区，全国南北各地均有栽培，以南方各省市栽培较多。

1. 生育特性

豇豆是耐熟性蔬菜，耐高温，不耐霜冻，种子发芽出土以 30℃~35℃时为快，长出以后 20℃~25℃生长良好；对日照长短的反应可分为两类，一类要求不严格，在长日照和短日照季节都能正常生长，另一类要求比较严格，适宜短日照季节生长，在长日照季节茎蔓徒长，开花结荚延迟。

豇豆播种后经 7 天即可出苗。早熟品种主蔓长到第三至第四叶节时出现花序，晚熟品种在第七至第九叶节时抽生第一花序；侧蔓上在第一至第二叶节处即抽生第一花序，不论主蔓或侧蔓，在抽出第一花序后，以后的每个叶节均能连续发生花序。豇豆每个花序可长 3~5 对花，只有 1~2 对花能开花结荚。一般品种的结荚率随着播种期的延迟而下降。豇豆花在夜间开始开放，上午日出前后盛开，午后闭合。每荚种子数 10~24 粒，千粒重为 150 克左右，豇豆属自花授粉蔬菜，在采种时需注意隔离。

2. 豇豆采种技术

豇豆采种技术与蔓生菜豆类似。

（1）采种地选择

豇豆适宜采种地区应具有温暖、温差大、光照充足、降雨较少、灌水方便等条件，能种豇豆的地区都适宜进行豇豆采种。

（2）适时播种

豇豆喜温耐热，南方各地播种期自 4 月至 7 月上旬均可露地直播，育苗移栽可提前到 3 月初播种。豇豆品种多为日照不敏感型，也有品种属短日照型如秋豇 512，播种期应严格掌握，适于 7 月 15 日前后播种。豇豆的栽植密度与蔓性菜豆相近。

（3）植株调整

豇豆的荚果较长，如"之豇 28-2"的豆荚长达 60 厘米左右，早中熟品种结荚部位较低，为防止早期结荚着地腐烂，促进植株中上部开花结荚，植株下部豆荚在商品成熟期即可采收。豇豆分枝力较强，采种时要及时摘去侧枝与打顶，集中养分以保证种荚发育。

（4）种子采收

豇豆分次采收，采收的种荚晾干后脱粒，放在阴凉干燥处贮藏。豇豆每亩可采收干种子 75~150 千克。贮藏豇豆种子要严格防潮防豆象发生，可在干燥的种子中放一些樟脑丸，要经常保持种子干燥。

（5）品种保纯

注意选用结荚率高的植株留种，以每一花序能结荚 2~4 个的植株上采种为好。

（四）豌豆采种技术

豌豆又叫荷兰豆，原产地中海沿岸和亚洲中部，全国各地均有栽培。

1. 生长习性与开花结荚特性

豌豆耐寒不耐热，种子发芽适温为18℃~20℃，苗期温度要求稍低，开花结荚期以15℃左右温度为宜。属长日照蔬菜，但多数品种对日照长短要求不严格。

豌豆蔓生种可分为种子发芽期、幼苗期、抽蔓期和开花结荚期。一般发芽期约需10天，幼苗期10~15天，抽蔓期25~30天，开花结荚期80~90天；矮生种和半蔓生种无抽蔓期或只有很短的抽蔓期，开花结荚期较短。植株现蕾后，进入开花结荚抽生花序的节位，因品种而不同，早熟种5~8节，中熟种9~11节，晚熟种12~16节。花有白花和紫花，自花授粉，总状花序，腋生、每花序有1~2朵至5~6朵花，能结1~2荚。荚果有硬荚和软荚两种；荚果发育时，先是豆荚发育，开花后8~10天豆荚停止伸长，种子开始发育；自开花至嫩荚采收约需15~20天。种子有表面光滑的圆粒种，近圆而皱皮的皱粒种，颜色有绿色和黄白色。

2. 常规种采种技术

（1）播种前处理

播种前选用纯正、大粒、无病的种子，用二氧化硫熏蒸10分钟，或将种子在50℃热水中浸2分钟，以杀死豌豆象。

（2）适时播种

在秋末或冬前播种，播种过早，年内植株过大，易受冻害。

（3）选株与选荚

豌豆植株开花结荚后，根据花色、荚形和座荚节位等，依品种特性选留纯正植株和种荚留种。在豌豆生产地里采种时，当植株开花结荚后，选择生于茎蔓中央节位、性状纯正的豆荚留种，将其他形状不正或茎蔓末端结的荚，及时采收上市，而采种荚在植株上留到完熟为止。

（4）采种

在豌豆种荚变硬、颜色变浅、种子老熟后采收，待种荚晒干后脱粒。脱粒和清选等方法同菜豆。豌豆每亩可采种子 100~150 千克。千粒重为 145~330 克。

十四、马铃薯薯种采种技术

马铃薯是茄科茄属的一年生草本植物，又叫山药蛋、地蛋、土豆等，原产南美安第斯山区，中心在玻利维亚和秘鲁。

马铃薯采种与一般蔬菜采种不同，是采用无性繁殖用于生产的播种材料，属无性系品种，与有性繁殖的品种相比，在遗传上和繁殖过程中有许多不同的特点，无性系品种的基因型多是杂合，遗传基础复杂，但性状稳定，不易分离，无性系的所有植株具有与母体相同的遗传基础。

马铃薯无性系品种生产时，不经过开花，结籽等过程，具有较大的抗逆性与适应性，后代的性状整齐一致，纯度可达100%。但无性系品种体积大，繁殖系数低，种薯不易保存，播种量大，成本高等缺点。

马铃薯也可进行有性繁殖，除育种需要外，生产上很少采用。

（一）生育特性

马铃薯的根由须根、匍匐根两部分组成，须根在块茎发芽后芽的基部发生，是主要吸收根系，匍匐根生长在匍匐茎的两侧，呈水平生长。马铃薯的茎可分地上茎和地下茎两部分，叶由顶生小叶及4~5对侧生小叶组成，花序为聚伞花序（图24）。

马铃薯种薯在5℃~7℃开始发芽，10℃~12℃幼芽生长迅速而健壮，18℃生长最好；茎叶生长适温为20℃左右，气温适到30℃时，会使茎变细，叶片缩小，不利块茎积累养分。马铃薯块茎膨大最适土温为16℃~18℃，当土温为20℃时，块茎生长缓慢。25℃块茎停止膨大，当土温达30℃时，块茎完全停止生长。马铃薯种薯播种后，

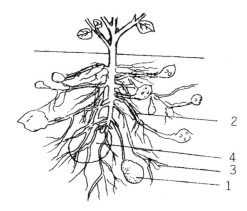

图24　马铃薯植株（块茎繁殖）地下部的生育状态

1.种薯　2.匍匐枝　3.新块茎　4.须根

从播种到出苗，主要靠薯块中贮藏的水分，发棵期土壤水分要保持在70%~80%，促使茎叶生长旺盛，结薯期土壤含水量要达到80%~85%。

（二）马铃薯种薯退化原因与防止途径

1. 马铃薯种薯退化现象

马铃薯种薯退化，植株表现矮小、束顶，叶生花叶、皱缩、失绿、叶面卷曲，退化严重植株不能结薯，失去种用价值。

2. 马铃薯种薯退化原因

马铃薯退化是由感染病毒引起的，在田间靠昆虫（特别是蚜虫）和叶片接触传播，也有芽变、机械混杂等造成。马铃薯在种植过程中易感染病毒，在适宜条件（例如高温下），病毒会在植株内迅速运转和积累于块茎中。

选用抗病毒品种，切断毒原或减轻蚜虫传毒机会，冷凉气候条件等限制病毒在植株内向块茎运转速度，能减轻病毒的危害，延迟退化速度。高纬度、冷凉地区，马铃薯退化程度轻，退化速度慢，种薯质量好。

3. 防止退化的途径

主要是利用茎尖组织培养，生产脱毒种薯技术及配套的良种繁育体系，解决退化问题。此外，还可采用夏播留种、高山留种等方法防止退化。

（三）马铃薯脱毒种薯生产技术

1. 茎尖分生组织培养的脱毒原理

采用茎尖分生组织培养，可脱除马铃薯病原菌。

（1）病原菌在植株体内的分布不均匀。很多病毒仅存在于维管系统组织。

（2）分生组织缺乏维管束系统，通过维管系统传染的病毒不会感染分生组织。

（3）植株分生组织代谢活力最强。病毒难以在代谢旺盛、细胞生长和分裂迅速的分生组织细胞中增殖。

2. 茎尖组织培养技术

对进行茎尖组织培养的品种，选择高产、病少或无病的单株作为茎尖脱毒的材料，提高脱毒效果。在田间选无病毒症状、产量高、经电泳检测无病毒的单株块茎或无性系为入选材料，放在散射光下催壮芽，以芽长 4~5 厘米为宜。

茎尖的大小对成苗（即成活）和脱毒效果影响较大。茎尖大，易成活，但不易脱除病毒；茎尖小，操作难，脱毒率高，成活率低，以带 1~2 个叶缘基 0.2~0.4 毫米长为宜。对带有难脱病毒的材料，在剥离前进行热处理，将块茎放入 35 ℃条件下处理 10 天，而剥离应在无菌和 40 倍解剖镜下进行。

剥离的茎尖放入装有培养基的试管中，在培养室内经 4~5 个月，长成 3~4 个叶的小植株，然后按单节切段，接种到装有培养基的小三角瓶中，进行扩大繁殖。30 天后再单节切段，分别接种于 3 个三角瓶中，成苗后，其中两瓶苗（试管苗）移栽于防虫温室的小钵中，用于病毒鉴定。常用方法有酶联免疫吸附试验、血清鉴定法和指示植物接种鉴定法。检测没有病毒的脱毒苗，才能确定继续扩大繁殖。

经检测无病毒的试管苗，切段快繁，常年生产。每月可切段繁殖 1 次，每株 1 年可繁 700 多株，随后进入温室和消毒土中培养成植株。

3. 防虫温室繁殖脱毒苗或生产脱毒小薯技术

（1）在无菌条件下将试管苗按单节（苗弱可 2~3 节）切段，放于 MS 液体培养基三角瓶中，加适量生根剂，1 周后即可生根，用作防虫温室育苗盘中扦插基础苗。

（2）育苗盘中培养基质为消毒灭菌草炭土。每盘定植 100 株。

（3）苗高 5~7 厘米时，可剪顶（腋）芽扦插于育苗盘中，稍稀植用于生产无病毒小薯原原种。

4. 利用无病毒块茎快速繁殖技术

利用无病毒微型薯或脱毒小薯快速繁殖时，不需要无菌设备，可在严格防虫的温室或网室中进行。

（1）切芽段繁殖技术

利用休眠期结束的微型薯、脱毒小薯（一般休眠期较长，可用赤霉素打破休眠），放于防虫温室中，在日光和黑暗交替情况下使其发芽，保持块茎一定的湿度，约经半个月，可得到具有适当节间的壮芽。切芽段时，每个芽段至少含有一个节。切后，将芽段扦插于消毒后的蛭石、沙、草炭土中，使其生根和长出侧枝。20 天后，可把幼苗定植到防虫温室或网床中，株行距 15 厘米 × 15 厘米。防止徒长和喷洒防蚜虫药剂。每株可结薯 4~6 个。1 个母块茎每次可取 50~60 个芽段、主、副芽可切 2 次，繁殖倍数可达 600~800 倍。

（2）切茎段繁殖技术

脱毒小薯在防虫温室中，播于育苗小盘，使萌发芽都出苗，增加茎数。当苗高达 20~30 厘米时，将茎尖切除移栽，促使腋芽生长分枝，分枝长到 10~15 厘米时，基部留一个节切下扦插。茎端有顶芽和小叶片，扦插生根后生长快，可做新切茎段母株用，扦插前可利用 5 毫克 / 升萘乙酸处理茎段基部，扦插于网棚或苗床中，促进生根。

（四）脱毒马铃薯原种采种技术

1. 原种采种地要求

原种在脱毒种薯的繁殖过程中，起到承上启下的作用。在网罩条件下防蚜生产，种薯的繁殖系数小，成本高，不能解决大面积生产的需要，因此必须选择具备隔离条件的田间作原种繁殖地。原种繁殖地应具备以下条件：

（1）高纬度、高海拔、风速大、气候冷凉地区，对蚜虫繁殖、取食活动、迁飞和传毒都可起到较好的隔离作用。

（2）原种田四周 10 千米以内没有马铃薯生产田或其他寄生马铃薯病毒病的寄主，如茄科作物等。

（3）采种单位具有较强的技术力量，并有较高的生产管理水平。

2. 微型薯的催芽处理

刚收获或未出芽的微型薯，临近播种时需进行催芽处理，打破休眠。催芽处理一般采用 10~30 毫克 / 升赤霉素水溶液浸泡微型薯 10~20 分钟后捞出，除去多余水分，然后用半干河沙或珍珠岩粉覆盖，保持一定温、湿度，经 7 天左右微型薯开始出芽，10~15 天待芽出齐后，把微型薯从覆盖的沙或珍珠岩粉中清理出来，放在通风、干燥、有散射光照射的地方，待芽茎转绿后即可播种；也可采用物理催芽方法，将微型薯与略湿的沙子混合后装入塑料袋中，塑料袋适当穿几个孔，放在气温 25 ℃ ~30 ℃，并有散射光照射的地方，经过 20 天左右即可发芽。

3. 微型薯的播种

微型薯个体较小，保存和种植不当易腐烂或干瘪，一般须出芽后方可种植。微型薯的种植要求行距 30~50 厘米，株距 15~20 厘米，盖一层 3~5 厘米的细土，适当浇水，保持一定温湿度。

4. 播种后管理

微型薯播种后管理，主要是苗期追肥，以磷肥为主，可用 0.1% 磷肥水溶液浇施或叶面喷雾；蕾期追肥以钾肥为主，每亩用 10~15 千克硫酸钾追施，盛花期要培土、打顶尖、摘花蕾、摘除基部黄叶等，有利结薯。各生长期均要用抗蚜威、0.1% 的乐果等防治蚜虫。发现有地老虎、黄蚂蚁等地下害虫为害时，应及时用功夫、蚂蚁净等喷雾土壤杀害虫。

5. 露地扦插扩繁原种

在种薯播种后的旺盛生长期，可切取上层茎段扦插育苗，待茎段生根成活后，带土移栽到大田，可提高繁殖系数 10 倍以上。

6. 原种的收获

原种田采种要求种薯个数多，因此，可采用加大播种密度，适当提前早收，提高土地利用率，防止病害传播侵染。收获的原种种薯先放在通风、干燥的地方，除去多余的水分。

（五）脱毒马铃薯良种生产技术

一、二级脱毒良种与脱毒原种相比，在于种薯质量标准相对偏低。一、二级脱毒良种在生产过程中，应参照脱毒原种的技术操作规程，生产符合一、二级种薯质量标准的合格种薯，增加种薯的数量，应适当密植，亩栽4000~5000株。脱毒良种的繁殖田块可与玉米、豆类、小麦等作物带状间套种植，可减少蚜虫数量，减少病毒的侵染，调节茬口，避免重茬。其他水肥管理、中耕除草、培土和病虫防治等管理与大田生产相同。

（六）防止病毒再侵染的技术措施

在隔离较高的种薯生产基地，还会有病毒的再侵染。因此，加代扩繁时，要采用先进农业技术措施，保证原种和各级种薯的质量。

1. 早熟栽培促进植株老化

病毒易感染幼龄植株，病毒繁殖和运转快，植株老化后，提高对病毒的抗性。块茎开始形成经2~3周后，病毒不易侵染植株，也不易在块茎中积累。

2. 及时拔除病株

拔除病株是消灭病毒侵染源，防止病毒扩大蔓延的重要措施。拔除病株在齐苗后蚜虫发生时就开始，以后每隔7天进行一次。拔除应包括地上植株和地下母薯及新生块茎，要把清除物小心装入密封袋中，防止蚜虫抖落或迁飞，将袋运出种薯田地块外深埋处理。在蚜虫开始发生后，以药剂防治为主，对全田喷洒乐果等杀蚜虫药剂，每隔 7~10 天一次，先后喷药 2~3 次。

3．割秧早收减轻种薯带毒量

病毒从侵染植株地上部到侵染地下匍匐枝顶端的块茎要经过较长时间。有翅蚜迁飞期过后 10~15 天割秧，能有效阻止蚜虫传播病毒向块茎转移，可使种薯不带毒。

十五、人工种子地培育

人工种子是用组织培养进行培育，有分生能力的器官（如胚状体），进行保护包理代替植物种子进行个体繁衍的活体部分。

人工种子的研制，在自然条件下，对不结实或种子很少的某些植物进行快速繁殖，并可保存脱毒苗，定种优势，使体细胞融合、基因工程等育种技术迅速实用化。

（一）人工种子制作方法

人工种子制作包括胚状体的诱导、包裹制种与发芽试验3个步骤。制作方法：

1. 天然种子或幼嫩外植体表面清毒。

2. 在无菌条件下，培养无菌苗。

3. 下胚轴或子叶等外植体，在适宜的培养基上诱导产生胚状体或不定芽。

4. 挑选生长时期的胚状体（或不定芽）悬浮于海藻酸钠溶液中。

5. 滴珠法制作人工种子，固化剂为氧化钙水溶液中。

6. 无菌水冲洗人工种子。

7. 在菌条件下萌发长成植株。

8. 小植株移入盘中栽培生长。

若在有菌条件下播种，在包裹过程中需添加防腐剂和活性炭。

（二）胚状体

胚状体是在细胞、组织或器官的离体培养中，通过体细胞或性细胞未经受精，分化出与合子胚相似的胚胎，包括体细胞胚与性细胞胚，人工种子主要使用体细胞胚。

人工种子对胚状体的要求，播种后能发芽出苗，根与芽能同时生长；下胚无膨大，无愈伤组织；同步化程度较高经分选后能达到大小一致，使人工种子发芽生长整齐；活力强，有一定的抗逆性；发芽后幼苗形态与生长正常。

胚状体不同培养方法，效果亦不同。固体培养法产生的胚状体数量少，需要手工镊取胚，操作慢；悬浮培养法较好；发酵罐培养法则比悬浮法诱导胚状体效果更好。

（三）包裹技术

包裹技术要满足常规操作的外部力量，不会伤害内部植物幼体；保持内部幼小植株体生存的必需水分，并具有通气性；持续保持发芽和发育初期所需的营养；包裹材料能被发芽的力量穿破。

包裹制种方法主要分为干燥法、离子交换法和冷却法，其中以离子交换法最实用、方便。

将体细胞胚和芽包入海藻酸胶囊，能发芽不耐干燥，须加保水剂，在外面包上既保水又透气的薄膜，要检查各种蔬菜人工种子的形态和包裹方式（图25），以适应不同机械播种的需要。

为了促进发芽，培育壮苗，在人工种子包裹部分营养物质、但易招致微生物繁殖，妨碍芽的生长，营养物质中添加适量抗生素农药。

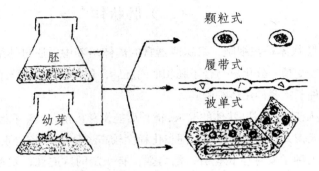

图25　人工种子的包裹方式

附录

附录1

中华人民共和国种子法
（由第十二届全国人民代表大会常务委员会第十七次会议修订通过）

第一章　总则

第一条　为了保护和合理利用种质资源，规范品种选育，种子生产经营和管理行为，保护植物新品种权维护种子生产经营者、使用者的合法权益，提高种子质量，推动种子产业化，发展现代种业，保障国家粮食安全，促进农业和林业的发展，制定本法。

第二条　在中华人民共和国境内从事品种选育、种子生产经营和管理等活动，适用本法。

本法所称种子，是指农作物和林木的种植材料或者繁殖材料，包括籽粒、果实、根、茎、苗、芽、叶、花等。

第三条　国务院农业、林业主管部门分别主管全国农作物种子和林木种子工作；县级以上地方人民政府农业、林业主管部门分别主管本行政区域内农作物种子和林木种子工作；县级以上地方人民政府农业、林业主管部门分别主管本行政区域内农作物种子和林木种子工作。

各级人民政府及其有关部门应当采取措施。加强种子执法和监督，依法惩处侵害农民权益的种子违法行为。

第四条　国家扶持种质资源保护工作和选育、生产、更新、推广使用良种，鼓励品种选育和种子生产经营相结合，奖励在种质资源保护工作和良种选育、推广等工作中成绩显著的单位和个人。

第五条　省级以上人民政府应当根据科教兴农方针和农业、林业发展的需要制定种业发展规划并组织实施。

第六条　省级以上人民政府建立种子储备制度，主要用于发生灾害时的生产需要及余缺调剂，保障农业和林业生产安全。对储备的种子应当定期检验和更新。种子储备的具体办法由国务院规定。

第七条　转基因植物品种的选育、试验、审定和推广应当进行安全性评价，并采取严格的安全控制措施。国务院农业、林业主管部门应当加强跟踪监管并及时公告有关转基因植物品种审定和推广的信息。具体办法由国务院规定。

第二章　种质资源保护

第八条　国家依法保护种质资源。任何单位和个人不得侵占和破坏种质资源。

禁止采集或者采伐国家重点保护的天然种质资源。因科研等特殊情况需要采集或者采伐的，应当经国务院或者省、自治区、直辖市人民政府的农业、林业主管部门批准。

第九条　国家有计划地普查、收集、整理、鉴定、登记、保存、交流和利用种质资源，定期公布可供利用的种质资源目录，具体办法由国务院农业、林业产管部门规定。

第十条　国务院农业、林业主管部门应当建立种质资源库、种质资源保护区或者种质资源保护地。省、自治区、直辖市人民政府农业、林业主管部门可以根据需要建立种质资源库、种质资源保护区、种质资源保护地。种质资源库、种质资源保护区、种质资源保护地的种质资源属公共资源，依法开放利用。

占用种质资源库、种质资源保护区或者种质资源保护地的，需经原设立机关同意。

第十一条　国家对种质资源享有主权，任何单位和个人向境外提供种质资源，或者与境外机构、个人开展合作研究利用种质资源的，应当向省、自治区、直辖市人民政府农业、林业主管部门提出申请，并提交国家共享惠益的方案；受理申请的农业、林业主管部门经审核，报国务院农业、林业主管部门批准。

从境外引进种质资源的，依照国务院农业、林业主管部门的有关规定办理。

第三章　品种选育、审定与登记

第十二条　国家支持科研院所及高等院校重点开展育种的基础性、前沿性和应用技术研究，以及常规作物、主要造林树种育种和无性繁殖材料选育等公益性研究。

国家鼓励种子企业充分利用公益性研究成果，培育具有自主知识产权的优良品种；鼓励种子企业与科研院所及高等院校构建技术研发平台，建立以市场为导向、资本为纽带、利益共享、风险共担的产学研相结合的种业技术创新体系。

国家加强种业技术创新能力建设，促进种业科技成果转化，维护各业科技人员的合法权益。

第十三条　由财政资金支持形成的育种发明专利权和植物新品种权，除涉及国家安全、国家利益和重大社会公共利益的外，授权项目承担者依法取得。

由财政资金支持为主形成的育种成果的转让、许可等应当依法公开进行，禁止私自交易。

第十四条　单位和个人因林业主管部门为选育林木良种建立测定林、试验林、优树收集区、基因库等而减少经济收入的，批准建立的林业主管部门应当按照国家有关规定给予经济补偿。

第十五条　国家对主要农作物和主要林木实行品种审定制度。主要农作物品种和主要林木品种在推广前应当通过国家级或者省级审定。由省、自治区、直辖市人民政府林业主管部门确定的主要林木品种实行省级审定。

申请审定的品种应当符合特异性、一致性、稳定性要求。

主要农作物品种和主要林木品种的审定办法由国务院农业、林业主管部门规定。审定办法应当体现公正、公开、科学、效率的原则，有利于产量、品质、抗性等的提高与协调，有利于适应市场和生活消费需要的品种的推广。在制定、修改审定办法时，应当充当听取育种者、种子使用者、生产经营者和相关行业代表意见。

第十六条　国务院和省、自治区、直辖市人民政府的农业、林业主管部门分别设立由专业人员组成的农作物品种和林木品种审定委员会。品种审定委员会承担主要农作物品种和主要林木品种的审定工作，建立包括申请文件。品种审定试验数据，保证可追溯。在审定通过的品种依法公布的相关信息中应当包括审定意见情况，接受监督。

品种审定实行回避制度。品种审定委员会委员、工作人员及相关测试，试验人员应当忠于职守，公正廉洁。对单位和个人举报或者监督检查发现的上述人员的违法行为，省级以上人民政府农业、林业主管部门和有关机关应当及时依法处理。

第十七条　实行选育生产经营相结合。符合国务院农业、林业主管部门规定条件的种子企业，对其自主研发的主要农作物品种、主要林木品种可以按照审定办法自行完成试验，达到审定标准的，品种审定委员会应当颁发审定证书，种子企业对试验数据的真实性负责，保证可追溯，接受省级以上人民政府农业、林业主管部门和社会的监督。

第十八条　审定未通过的农作物品种和林木品种，申请人有异议的，可以向原审定委员会或者国家级审定委员会申请复审。

第十九条　通过国家级审定的农作物品种和林木良种由国务院农

业、林业主管部门公告，可以在全国适宜的生态区域推广。通过省级审定的农作物品种和林木良种由省、自治区、直辖市人民政府农业、林业主管部门公告，可以在本行政区域内适宜的生态区域推广；其他省、自治区、直辖市属于同一适宜生态区的地域引种农作物品种、林木良种的，引种者应当将引种的品种和区域报所在省、自治区、直辖市人民政府农业、林业主管部门备案。

引种本地区没有自然分布的林木品种，应当按照国家引种标准通过试验。

第二十条 省、自治区、直辖市人民政府农业、林业主管部门应当完善品种选育、审定工作的区域协作机制，促进优良品种的选育和推广。

第二十一条 审定通过的农作品种和林木良种出现不可克服的严重缺陷等情形不宜继续推广、销售的，经原审定委员会审核确认后，撤销审定，由原公告部门发布公告，停止推广、销售。

第二十二条 国家对部分非主要农作物实行品种登记制度。列入非主要农作物登记目录的品种在推广前应当登记。

实行品种登记的农作物范围应当严格控制，并根据保护生物多样性，保证消费安全和用种安全的原则确定。登记目录由国务院农业主管部门制定和调整。

申请者申请品种登记应当向省、自治区、直辖市人民政府农业主管部门提 交申请文件和种子样品，并对其真实性负责，保证可追溯，接受监督检查，申请文件包括品种的种类、名称、来源、特性、育种过程以及特异性，一致性，稳定性测试报告等。

省、自治区、直辖市人民政府农业主管部门自受理品种登记申请之日起二十个工作日内，对申请者提交的申请文件进行书面审查，符合要求的，报国务院农业主管部门予以登记公告。

对已登记品种存在申请文件，种子样品不实的，由国务院农业主管部门撤销该品种登记，并将该申请者的违法信息记入社会诚信档案，

151

向社会公布；给种子使用者和其他种子生产经营者造成损失的，依法承担赔偿责任。

对已登记品种出现不可克服的严重缺陷等情形的，由国务院农业主管部门撤销登记，并发布公告，停止推广。

非主要农作物品种登记办法由国务院农业主管部门规定。

第二十三条　应当审定的农作物品种未经审定的，不得发布广告、推广、销售。

应当审定的林木品种未经审定通过的，不得作为良种推广、销售，但生产确需使用的，应当经林木品种审定委员会认定。

应当登记的农作物品种未经登记的，不得发布广告、推广，不得以登记品种的名义销售。

第二十四条　在中国境内没有经常居所或者营业场所的境外机构、个人在境内申请品种审定或者登记的，应当委托具有法人资格的境内种子企业代理。

第四章　　新品种保护

第二十五条　国家实行植物新品种保护制度。对国家植物品种保护名录内经过人工选育或者发现的野生植物加以改良，具备新颖性、特异性、一致性、稳定性和适当命名的植物品种，由国务院农业、林业主管部门授予植物新品种权。保护植物新品种权所有人的合法权益，植物新品种的内容和归属、授予条件、申请和受理、审查与批准，以及期限、终止和无效等依照本法、有关法律和行政法规规定执行。

国家鼓励和支持种业科技创新、植物新品种培育及成果转化。取得植物新品种权的品种得到推广应用的，育种者依法获得相应的经济利益。

第二十六条　一个植物新品种只能授予一项植物新品种权。两个以上的申请人分别就同一个品种申请植物新品种权的，植物新品种权授予最先申请的人；同时申请的，植物新品种权授予最先完成该品种育种的人。

对违反法律，危害社会公共利益、生态环境的植物新品种，不授予植物新品种权。

第二十七条　授予植物新品种权的植物新品种名称，应当与相同或者相近的植物属或者种中已知品种的名称相区别。该名称经授权后即为该植物新品种的通用名称。

下列名称不得用于授权品种的命名：

（一）仅以数字表示的；

（二）违反社会公德的；

（三）对植物新品种的特征、特性或者育种者身份等容易引起误解的。

同一植物品种在申请新品种保护、品种审定、品种登记、推广、销售时只能使用同一个名称。生产推广、销售的种子应当与申请植物新品种保护、品种审定、品种登记时提供的样品相符。

第二十八条　完成育种的单位或者个人对其授权品种，享有排他的独占权。任何单位或者个人未经植物新品种权所有人许可，不得生产、繁殖或者销售该授权品种的繁殖材料，不得为商业目的将该授权品种的繁殖材料重复使用于生产另一品种的繁殖材料，但是本法、有关法律、行政法规另有规定的除外。

第二十九条　在下列情况下使用授权品种的，可以不经植物新品种权所有人许可，不向其支付使用费，但不得侵犯植物新品种权所有人依照本法、有关法律、行政法规享有的其他权利：

（一）利用授权品种进行育种及其他科研活动；

（二）农民自繁自用授权品种的繁殖材料。

第三十条　为了国家利益或者社会公共利益，国务院农业、林业主管部门可以做出实施植物新品种权强制许可的决定，并予以登记和公告。

取得实施强制许可的单位或者个人不享有独占的实施权，并且无权允许他人实施。

第五章　种子生产经营

第三十一条　从事种子进出口业务的种子生产经营许可证，由省、自治区、直辖市人民政府农业、林业主管部门审核，国务院农业、林业主管部门核发。

从事主要农作物杂交种子及其亲本种子、林木良种种子的生产经营以及实行选育生产经营相结合，符合国务院农业，林业主管部门规定条件的种子企业的种子生 产经营许可证，由生产经营者所在地县级人民政府农业、林业主管部门审核，省、自治区、直辖市人民政府农业、林业主管部门核发。

只从事非主要农作物种子和非主要林木种子生产的，不需要办理种子生产经营许可证。

第三十二条　申请取得种子生产经营许可证的，应当具有与种子生产经营相适应的生产经营设施、设备及专业技术人员，以及法规和国务院农业、林业主管部门规定的其他条件。

从事种子生产的，还应当同时具有繁殖种子的隔离和培育条件，具有无检疫性有害生物的种子生产地点或者县级以上人民政府林业主管部门确定的采种林。

申请领取具有植物新品种权的种子生产经营许可证的，应当征得植物新品种权所有人的书面同意。

第三十三条　种子生产经营许可证应当载明生产经营者名称、地址、法定代表人、生产种子的品种、地点和种子经营的范围、有效期限、有效区域等事项。

前款事项发生变更的，应当自变更之日起三十日内，向原核发许可证机关申请变更登记。

除本法另有规定外，禁止伪造、变造，买卖，租借种子生产经营许可证。

第三十四条　种子生产应当执行种子生产技术规程和种子检验、检疫规程。

第三十五条　在林木种子生产基地内采集种子的，由种子生产基地的经营者组织进行，采集种子应当按照国家有关标准进行。

禁止抢采掠青、损坏母树，禁止在劣质林内、劣质母树上采集种子。

第三十六条　种子生产经营者应当建立和保存包括种子来源、产地、数量、质量、销售去向、销售日期和有关责任人员等内容的生产经营档案，保证可追溯。种子生产经营档案的具体载明事项，种子生产经营档案及种子样品的保存期限由国务院农业、林业主管部门规定。

第三十七条　农民个人自繁自用的常规种子有剩余的，可以在当地集贸市场上出售、串换，不需要办理种子生产经营许可证。

第三十八条　种子生产经营许可证的有效区域由发证机关在其管辖范围内确定。种子生产经营者在种子生产经营许可证载明的有效区域设立分支机构的，专门经营不再分装的包装种子的，或者受具有种子生产经营许可证的种子生产经营者以书面委托生产、代销其种子的，不需要办理种子生产经营许可证，但应当向当地农业、林业主管部门备案。

实行选育生产经营相结合，符合国务院农业、林业主管部门规定条件的种子企业的生产经营许可证的有效区域为全国。

第三十九条　未经省、自治区、直辖市人民政府林业主管部门批准，不得收购珍贵树木种子和本级人民政府规定限制收购的林木种子。

第四十条　销售的种子应当加工、分级、包装。但是不能加工、包装的除外。

大包装或者进口种子可以分装；实行分装的，应当标注分装单位，并对种子质量负责。

第四十一条　销售的种子应当符合国家或者行业标准，附有标签和使用说明。标签和使用说明标注的内容应当与销售的种子相符。种子生产经营者对标注内容的真实性和种子质量负责。

标签应当标注种子类别、品种名称、品种审定或者登记编号、品种适宜种植区域及季节、生产经营者及注册地、质量指标、检疫证明编号、种子生产经营许可证编号和信息代码，以及国务院农业、林业主管部门规定的其他事项。

销售授权品种种子的，应当标注品种权号。

销售进口种子的，应当附有进口审批文号和中文标签。

销售转基因植物品种种子的，必须用明显的文字标注，并应当提示使用时的安全控制措施。

种子生产经营者应当遵守有关法律、法规的规定，诚实守信，向种子使用者提供种子生产者信息、种子的主要性状、主要栽培措施、适应性等使用条件的说明、风险提示与有关咨询服务，不得作虚假或者引人误解的宣传。

任何单位和个人不得非法干预种子生产经营者的生产经营自主权。

第四十二条　种子广告的内容应当符合本法和有关广告的法律、法规的规定，主要性状描述等应当与审定、登记公告一致。

第四十三条　运输或者邮寄种子应当依照有关法律、行政法规的规定进行检疫。

第四十四条　种子使用者有权按照自己的意愿购买种子，任何单位和个人不得非法干预。

第四十五条　国家对推广使用林木良种造林给予扶持。国家投资或者国家投资为主的造林项目和国有林业单位造林，应当根据林业主管部门制定的计划使用林木良种。

第四十六条 种子使用者因种子质量问题或者因种子的标签和使用说明标注的内容不真实，遭受损失的，种子使用者可以向出售种子的经营者要求赔偿，也可以向种子生产者或者其他经营者要求赔偿。赔偿额包括购种价款、可得利益损失和其他损失。属于种子生产者或者其他经营者责任的，出售种子的经营者赔偿后，有权向种子生产者或者其他经营者追偿；属于出售种子的经营者责任的，种子生产者或者其他经营者赔偿后，有权向出售种子的经营者追偿。

第六章 种子监督管理

第四十七条 农业、林业主管部门应当加强对种子质量的监督检查。种子质量管理办法、行业标准和检验方法，由国务院农业、林业主管部门制定。

农业、林业主管部门可以采用国家规定的快速检测方法对生产经营的种子品种进行检测，检测结果可以作为行政处罚依据。被检查人对检测结果有异议的，可以申请复检，复检不得采用同一检测方法。因检测结果错误给当事人造成损失的，依法承担赔偿责任。

第四十八条 农业、林业主管部门可以委托种子质量检验机构对种子质量进行检验。

承担种子质量检验的机构应当具备相应的检测条件、能力，并经省级以上人民政府有关主管部门考核合格。

种子质量检验机构应当配备种子检验员。种子检验员应当具有中专以上有关专业学历，具备相应的种子检验技术能力和水平。

第四十九条 禁止生产经营假、劣种子。农业、林业主管部门和有关部门依法打击生产经营假、劣种子的违法行为，保护农民合法权益，维护公平竞争的市场秩序。

下列种子为假种子：

（一）以非种子冒充种子或者以此种品种种子冒充其他品种种子的；

（二）种子种类、品种与标签标注的内容不符或者没有标签的。

下列种子为劣种子：

（一）质量低于国家规定标准的；

（二）质量低于标签标注指标的；

（三）带有国家规定的检疫性有害生物的。

第五十条　农业、林业主管部门是种子行政执法机关。种子执法人员依法执行公务时应当出示行政执法证件。农业、林业主管部门依法履行种子监督检查职责时，有权采取下列措施：

（一）进入生产经营场所进行现场检查；

（二）对种子进行取样测试、试验或者检验；

（三）查阅、复制有关合同、票据、账簿、生产经营档案及其他有关资料；

（四）查封、扣押有证据证明违法生产经营的种子，以及用于违法生产经营的工具、设备及运输工具等；

（五）查封违法从事种子生产经营活动的场所。

农业、林业主管部门依照本法规定行使职权，当事人应协助、配合、不得拒绝、阻挠。

农业、林业主管部门所属的综合执法机构或者受其委托的种子管理机构，可以开展种子执法相关工作。

第五十一条　种子生产经营者依法自愿成立种子行业协会，加强行业自律管理，维护成员合法权益，为成员和行业发展提供信息交流、技术培训、信用建设、市场营销和咨询等服务。

第五十二条　种子生产经营者可自愿向具有资质的认证机构申请种子质量认证。经认证合格的，可以在包装上使用认证标识。

第五十三条　由于不可抗力原因，为生产需要必须使用低于国家或者地方规定标准的农作物种子的，应当经用种地县级以上地方人民政府批准；林木种子应当经用种地省、自治区、直辖市人民政府批准。

第五四条　从事品种选育和种子生产经营以及管理的单位和个人应当遵守有关植物检疫法律、行政法规的规定，防止植物危险性病、虫、杂草及其他有害生物的传播和蔓延。

禁止任何单位和个人在种子生产基地从事检疫性有害生物接种试验。

第五十五条　省级以上人民政府农业、林业主管部门应当在统一的政府信息发布平台上发布品种审定、品种登记、新品种保护、种子生产经营许可、监督管理等信息。

国务院农业、林业主管部门建立植物品种标准样品库，为种子监督管理提供依据。

第五十六条　农业、林业主管部门及其工作人员，不得参与和从事种子生产经营活动。

第七章　种子进出口和对外合作

第五十七条　进口种子和出口种子必须实施检疫，防止植物危险性病、虫、杂草及其他有害生物传入境内和传出境外。具体检疫工作按照有关植物进出境检疫法律、行政法规的规定执行。

第五十八条　从事种子进出口业务的，除具备种子生产经营许可证外，还应当依照国家有关规定取得种子进出口许可。

从境外引进农作物、林木种子的审定权限，农作物、林木种子的进口审批办法，引进转基因植物品种的管理办法，由国务院规定。

第五十九条　进口种子的质量，应当达到国家标准或者行业标准。没有国家标准或者行业标准的，可以按照合同约定的标准执行。

第六十条　为境外制种进口种子的，可以不受本法第五十八条第一款的限制，但应当具有对外制种合同，进口的种子只能用于制种，其产品不得在境内销售。

从境外引进农作物或者林木试验用种。应当隔离栽培，收获物也不得作为种子销售。

第六十一条 禁止进出口假、劣种子以及属于国家规定不得进出口的种子。

第六十二条 国家建立种业国家安全审查机制。境外机构、个人投资、并购境内种子企业，或者与境内科研院所、种子企业开展技术合作，从事品种研发、种子生产经营的审批管理依照有关法律、行政法规的规定执行。

第八章 扶持措施

第六十三条 国家加大对种业发展的支持。对品种选育、生产、示范推广、种质资源保护、种子储备以及制种大县给予扶持。

国家鼓励推广使用高效、安全制种采种技术和先进适用的制种采种机械，将先进适用的制种采种机械纳入农机具购置补贴范围。

国家积极引导社会资金投资种业。

第六十四条 国家加强种业公益性基础设施建设。

对优势种子繁育基地内的耕地，划入基本农田保护区，实行永久保护。优势种子繁育基地由国务院农业主管部门及所在省、自治区、直辖市人民政府确定。

第六十五条 对从事农作物和林木品种选育、生产的种子企业，按照国家有关规定给予扶持。

第六十六条 国家鼓励和引导金融机构为种子生产经营和收储提供信贷支持。

第六十七条 国家支持保险机构开展种子生产保险。省级以上人民政府可以采取保险费补贴等措施，支持发展种业生产保险。

第六十八条　国家鼓励科研究院所及高等院校与种子企业开展育种科技人员交流，支持本单位的科技人员到种子企业从事育种成果转化活动；鼓励育种科研人才创新创业。

第六十九条　国务院农业、林业主管部门和异地繁育种子所在地的省、自治区、直辖市人民政府应当加强对异地繁育种子工作的管理和协调，交通运输部门应当优先保证种子的运输。

第九章　法律责任

第七十条　农业、林业主管部门不依法作出行政许可决定，发现违法行为或者接到对违法行为的举报不予查处，或者有其他未依照本法规定履行职责的行为的，由本级人民政府或者上级人民政府有关部门责令改正，对负有责任的主管人员和其他直接责任人员依法给予处分。

违反本法第五十六条规定，农业、林业主管部门工作人员从事种子生产经营活动的，依法给予处分。

第七十一条　违反本法第十六条规定，品种审定委员会委员和工作人员不依法履行职责，弄虚作假、徇私舞弊的，依法给予处分；自处分决定做出之日起五年内不得从事品种审定工作。

第七十二条　品种测试、试验和种子质量检验机构伪造测试、试验、检验数据或者出具虚假证明的，由县级以上人民政府农业、林业主管部门责令改正，对单位处五万元以上十万元以下罚款，对直接负责的主管人员和其他直接责任人员处一万元以上五万元以下罚款；有违法所得的，并处没收违法所得；给种子使用者和其他种子生产经营者造成损失的，与种子生产经营者承担连带责任；情节严重的，由省级以上人民政府有关主管部门取消种子质量检验资格。

第七十三条　违反本法第二十八条规定，有侵犯植物新品种权行为的，由当事人协商解决，不愿协商或者协商不成的，植物新品种权所有人或者利害关系人可以请求县级以上人民政府农业、林业主管部门进行处理，也可以直接向人民法院提起诉讼。

县级以上人民政府农业、林业主管部门，根据当事人自愿的原则，对侵犯植物新品种权所造成的损害赔偿可以进行调解。调解达成协议的，当事人应当履行；当事不履行协议或者调解未成协议的，植物新品种权所有人或者利害关系人可以依法向人民法院提起诉讼。

侵犯植物新品种的赔偿数额按照权利人因被侵权所受到的实际损失确定；实际损失难以确定的，可以按照侵权人因侵权所获得的利益确定。权利人的损失或者侵权人获得的利益难以确定的，可以参照该植物新品种权许可使用费的倍数合理确定。赔偿数额应当包括权利人为制止侵权行为所支付的合理开支。侵犯植物新品种权，情节严重的，可以在按照上述方法确定数额的一倍以上三倍以下确定赔偿数额。

权利人的损失、侵权人获得的利益和植物新品种权许可使用费均难以确定的，人民法院可以根据植物新品种权的类型，侵权行为的性质和情节等因素，确定给予三百万元以下的赔偿。

县级以上人民政府农业、林业主管部门处理侵犯植物新品种权案件时，为了维护社会公共利益，责令侵权人停止侵权行为，没收违法所得和种子；货值金额不足五万元的，并处一万元以上二十五万元以下罚款；货值金额五万万元以上的，并处货值金额五倍以上十倍以下罚款。

假冒授权品种的，由县级以上人民政府农业、林业主管部门责令停止假冒行为，没收违法所得和种子；货值金额不足五万元的，并处一万元以上二十五元以下罚款；货值金额五万元以上，并处货值金额五倍以上十倍以下罚款。

第七十四条　当事人就植物新品种的申请权和植物新品种权的权属发生争议的，可以向人民法院提起诉讼。

第七十五条 违反本法第四十九条规定，生产经营假种子的，由县级以上人民政府农业、林业主管部门责令停止生产经营，没收违法所得和种子，吊销种子生产经营许可证；违法生产经营的货值金额不足一万元的，并处一万元以上十万元以下罚款；货值金额一万元以上的，并处货值金额十倍以上二十倍以下罚款。

因生产经营假种子犯罪被判处有期徒刑以上刑罚的，种子企业或者其他单位的法定代表人，直接负责的主管人员自刑罚执行完毕之日起五年内不得担任种子企业的法定代表人，高级管理人员。

第七十六条 违反本法第四十九条规定，生产经营劣种子的，由县级以上人民政府农业、林业主管部门责令停止生产经营，没收违法所得和种子；违法生产经营的货值金额不足一万元的，并处五千元以上五万元以下罚款；货值金额一万元以上的，并处货值金额五倍以上十倍以下罚款；情节严重的，吊销种子生产经营许可证。

因生产经营劣种子犯罪被判处有期徒刑以上刑罚的，种子企业或者其他单位的法定代表人、直接负责的主管人员自刑罚执行完毕之日起五年内不得担任种子企业的法定代表人、高级管理人员。

第七十七条 违反本法第三十二条，第三十三条规定、有下列行为之一的，由县级以上人民政府农业、林业主管部门责令改正，没收违法所得和种子；违法生产经营的货值金额不足一万元的，并处三千元以上三万元以下罚款；货值金额一万元以上的，并处货值金额三倍以上五倍以下罚款；可以吊销种子生产经营许可证；

（一）未取得种子生产经营许可证生产经营种子的；

（二）以欺骗、贿赂等不正当手段取得种子生产经营许可证的；

（三）未按照种子生产经营许可证的规定生产经营种子的；

（四）伪造、变造、买卖、租借种子生产经营许可证的。

被吊销种子生产经营许可证的单位，其法定代表人、直接负责的主管人员自处罚决定做出之日起五年内不得担任种子企业的法定代表人、高级管理人员。

第七十八条 违反本法第二十一条、第二十二条、第二十三条规定，有下列行为之一的，由县级以上人民政府农业、林业主管部门责令停止违法行为，没收违法所得和种子，并处二万元以上二十万元以下罚款：

（一）对应当审定未经审定的农作物品种进行推广、销售的；

（二）作为良种推广、销售应当审定未经审定的林木品种的；

（三）推广、销售应当停止推广、销售的农作物品种或者林木良种的；

（四）对应当登记未经登记的农作物品种进行推广，或者以登记品种的名义进行销售的；

（五）对已撤销登记的农作物品种进行推广，或者以登记品种的名义进行销售的。

违反本法第二十三条、第四十二条规定，对应当审定未经审定或者应当登记未经登记的农作物品种发布广告，或者广告中有关品种的主要性状描述的内容与审定、登记公告不一致的，依照《中华人民共和国广告法》的有关规定追究法律责任。

第七十九条 违反本法第五十八条、第六十条、第六十一条规定，有下列行为之一的，由县级以上人民政府农业、林业主管部门责令改正，没收违法所得和种子；违法生产经营的货值金额不足一万元的，并处三千元以上三万元以下罚款；货值金额一万元以上的，并处货值金额三倍以上五倍以下罚款；情节严重的，吊销种子生产经营许可证：

（一）未经许可进出口种子的；

（二）为境外制种的种子在境内销售的；

（三）从境外引进农作物或者林木种子进行引种试验的收获物作为种子在境内销售的；

（四）进出口假、劣种子或者属于国家规定不得进出口的种子的。

第八十条 违反本法第三十六条、第三十八条、第四十条、第四十一条规定，有下列行为之一的，由县级以上人民政府农业、林业主管部门责令改正，处二千元以上二万元以下罚款。

（一）销售的种子应当包装而没有包装的；

（二）销售的种子没有使用说明或者标签内容不符合规定的

（三）涂改标准的；

（四）未按规定建立、保存种子生产经营档案的；

（五）种子生产经营者在异地设立分支机构、专门经营不再分装的包装种子或者受委托生产、代销种子，未按规定备案的。

第八十一条 违反本法第八条规定，侵占、破坏种质资源，私自采集或者采伐国家重点保护的天然种质资源的，由县级以上人民政府农业、林业主管部门责令停止违法行为，没收种质资源和违法所得，并处五千元以上五万元以下罚款；造成损失的，依法承担赔偿责任。

第八十二条 违反本法的第十一条规定，向境外提供或者从境外引进种质资源，或者与境外机构、个人开展合作研究利用种质资源的，由国务院或者省、自治区、直辖市人民政府的农业、林业主管部门没收种质资源和违法所得，并处二万元以上二十万元以下罚款。

未取得农业、林业主管部门的批准文件携带、运输种质资源出境的，海关应当将该种质资源扣留，并移送省、自治区、直辖市人民政府农业、林业主管部门处理。

第八十三条 违反本法第三十五条规定，抢采掠青、损坏母树或者在劣质林内、劣质母树上采种的，由县级以上人民政府林业主管部门责令停止采种行为，没收所采种子，并处所采种子货值金额两倍以上五倍以下罚款。

第八十四条 违反本法第三十九条规定，收购珍贵树木种子或者限制收购的林木种子的，由县级以上人民政府林业主管部门没收所收购的种子，并处收购种子货值金额两倍以上五倍以下的罚款。

第八十五条 违反本法第十七条规定，种子企业有造假行为的，由省级以上人民政府农业、林业主管部门处一百万元以上五百万元以下罚款；不得再依照本法第十七条的规定申请品种审定；给种子使用者和其他种子生产经营者造成损失的，依法承担赔偿责任。

第八十六条 违反本法第四十五条规定，未根据林业主管部门制定的计划使用林木良种的，由同级人民政府林业主管部门责令限期改正；逾期未改正的，处三千元以上三万元以下罚款。

第八十七条 违反本法第五十四条规定，在种子生产基地进行检疫性有害生物接种试验的，由同级人民政府林业主管部门责令停止试验，处五千元以上五万元以下罚款。

第八十八条 违反本法第五十条规定，拒绝、阻挠农业、林业主管部门依法实施监督检查的，处二千元以上五万元以下罚款，可以责令停产停业整顿；构成违反治安管理行为的，由公安机关依法给予治安管理处罚。

第八十九条 违反本法第十三条规定，私自交易育种成果，给本单位造成经济损失的，依法承担赔偿责任。

第九十条 违反本法第四十四条规定，强迫种子使用者违背自己的意愿购买、使用种子，给使用者造成损失的，应当承担赔偿责任。

第九十一条 违反本法规定，构成犯罪的，依法追究刑事责任。

第十章 附则

第九十二条 本法下列用语的含义是：

（一）种质资源是指选育植物新品种的基础材料，包括各种植物的栽培种、野生种的繁殖材料以及利用上述繁殖材料人工创造的各种植物的遗传材料。

（二）品种是指经过人工选育或者发现并经过改良，形态特征和生物学特性一致，遗传性状相对稳定的植物群体。

（三）主要农作物是指稻、小麦、玉米、棉花、大豆。

（四）主要林木由国务院林业主管部门确定并公布；省、自治区、直辖市人民政府林业主管部门可以在国务院林业主管部门确定的主要林木之外确定其他八种以下的主要林木。

（五）林木良种是指通过审定的主要林木品种，在一定的区域内，其产量、适应性、抗性等方面明显优于当前主栽材料的繁殖材料和种植材料。

（六）新颖性是指申请植物新品种权的品种在申请日前，经申请权人自行或者同意销售、推广其种子，在中国境内未超过一年；在境外，木本或者藤本植物未超过六年，其他植物未超过四年。

本法施行后新列入国家植物品种保护名录的植物的属或者种，从名录公布之日起一年内提出植物新品种权申请的，在境内销售、推广该品种种子未超过四年的，具备新颖性。

除销售、推广行为丧失新颖性外，下列情形视为已丧失新颖性：

1.品种经省、自治区、直辖市人民政府农业、林业主管部门依据播种面积确认已经形成事实扩散的；

2.农作物品种已审定或者登记两年以上未申请植物新品种权的。

（七）特异性是指一个植物品种有一个以上性状明显区别于已知品种。

（八）一致性是指一个植物品种的特性除可预期的自然变异外，群体内个体间相关的特征或者特性表现一致。

（九）稳定性是指一个植物品种经过反复繁殖后或者在特定繁殖周期结束时，其主要性状保持不变。

（十）已知品种是指已受理申请或者已通过品种审定、品种登记、新品种保护，或者已经销售、推广的植物品种。

（十一）标签是指印刷、粘贴、固定或者附着在种子、种子包装物表面的特定图案及文字说明。

第九十三条　草种、烟草种、中药材种、食用菌菌种的种质资源管理和选育、生产经营、管理等活动，参照本法执行。

第九十四条　本法自 2016 年 1 月 1 日起施行。

附录 2

农作物种子质量标准

中华人民共和国国家标准
GB 13715.1-2010
（一）瓜菜作物种子瓜类

作物种业	种子类别		纯度不低于	净度不低于	发芽率不低于	水分不高于
西瓜	亲本	原种	99.7	99.0	90	8.0
		大田用种	99.0			
	二倍体杂交种	大田用种	95.0	99.0	90	8.0
	三倍体杂交种	大田用种	95.0		75	
甜瓜	常规种	原种	98.0	99.0	90	8.0
		大田用种	95.0		85	
	亲本	原种	99.7	99.0	90	8.0
		大田用种	99.0			
	杂交种	大田用种	95.0	99.0	85	8.0
哈密瓜	常规种	原种	98.0	99.0	90	7.0
		大田用种	90.0		85	
	亲本	大田用种	99.0		90	
	杂交种	大田用种	95.0		90	
冬瓜	原种		98.0	99.0	70	9.0
	大田用种		96.0		60	
黄瓜	常规种	原种	98.0	99.0	90	8.0
		大田用种	95.0			
	亲本	原种	99.9		90	
		大田用种	99.0		85	
	杂交种	大田用种	95.0		90	

（二）瓜菜作物种子白菜类

作物种业	种子类别		纯度不低于	净度不低于	发芽率不低于	水分不高于
结球白菜	常规种	原种	99.0	98.0	85	7.0
		大田用种	96.0			
	亲本	原种	99.9			
		大田用种	99.0			
	杂交种	大田用种	96.0			
不结球白菜	常规种	原种	99	98.0	85	7.0
		大田用种	96.0			

（三）瓜菜作物种子茄果类

作物种业	种子类型		纯度不低于	净度不低于	发芽率不低于	水分不高于
茄子	常规种	原种	99.0	98.0	75	8.0
		大田用种	96.0			
	亲本	原种	99.9			
		大田用种	99.0			
	杂交种	大田用种	96.0		85	
辣椒（甜椒）	常规种	原种	99.0	98.0	80	7.0
		大田用种	95.0			
	亲本	原种	99.9		75	
		大田用种	99.0			
	杂交种	大田用种	95.0		85	
番茄	常规种	原种	99.0	98.0	85	7.0
		大田用种	95.0			
	亲本	原种	99.9			
		大田用种	99.0			
	杂交种	大田用种	96.0			

GB 16715.4-2010

（四）瓜菜作物种子甘蓝类

作物名称	种子类别		纯度不低于	净度不低于	发芽率不低于	水分不低于
结球甘蓝	常规种	原种	99.0	99.0	85	7.0
		大田用种	96.0			
	亲本	原种	99.9		80	
		大田用种	99.0			
	杂交种	大田用种	96.0			
球茎甘蓝	原种		98.0	99.0	85	7.0
	大田用种		96.0			
花椰菜	原种		99.0	98.0	85	7.0
	大田用种		96.0			

GB 16715.5-2010

（五）瓜菜作物种子绿叶菜类

作物名称	种子类别	纯度不低于	净度不低于	发芽率不低于	水分不低于
芹菜	原种	99.0	95.0	70	8.0
	大田用种	93.0			
菠菜	原种	99.0	97.0	70	10.0
	大田用种	95.0			
莴苣	原种	99.0	98.0	80	7.0
	大田用种	95.0			

附录 3

蔬菜种子千粒重、寿命及使用年限

蔬菜种类	千粒重（克）	种子寿命（年)	适宜使用年限
大白菜	2.5~4	3~4	1~2
小白菜	2.5~4	4~5	1~2
甘蓝	3.3~4.5	4~5	1~2
球茎甘蓝	2.5~3.3	4	1~2
花椰菜	2.5~4	4~5	1~2
大萝卜	10~16	3~4	1~2
四季萝卜	7~11	3~4	1~2
芥菜	1.8~2	3~4	1~2
榨菜	1.8~2	4	1~2
黄瓜	16~30	3~4	1~3
丝瓜	111~120	3~4	1~2
南瓜	140~350	3~5	1~3
西葫芦	130~200	3~5	1~3
番茄	2.5~4.0	3~5	1~3
茄子	3.5~7.0	3~4	1~3
辣椒	4.5~7.5	3~4	1~3
菜豆	300~400	2~3	1~2
豇豆	100~120	2~3	1~2
豌豆	150~400	2~3	1~2
蚕豆	1000~2900	2~3	1~2
毛豆	150~350	2~3	1~2
胡萝卜	1.0~1.5	4~5	1~3
芹菜	0.4~0.5	4~5	2~3
芫荽	5.0~5.5	4~5	1~3

续

茼蒿	1.8~2.0	2~3	1~2
莴苣、生菜	0.8~1.5	3~4	1~3
冬瓜	30~42	3~5	1~3
菠菜	8~10	3~4	1~3
甜菜	100~160	6~	1~2
苋菜	0.4~0.7	3~4	1~2
芥菜	0.1~0.2	4~5	1~2
芜青	2.4~2.6	3~4	1~2
洋葱	3~4	3~2	1
韭菜	4~4.5	1~2	1
大葱	2.5~3.6	1~2	1
韭葱	2.4~2.6	1~2	1
黄秋葵	50~60	~	~
石刁柏	20~25	~	~

附录 4

常见农作物种子送检样品最低重量表

作物名称	送检数量（克）	作物名称	送检数量（克）
常规水稻	500	油菜	150
杂交水稻	1000	甘蓝	150
玉米	1000	结球白菜	150
大小麦	1000	不结球白菜	150
棉花	1000	芫荽	400
大豆	1000	芹菜	50
西瓜	1000	苋菜	30
花椰菜	150	莴苣	50
芥菜	90	黄瓜	200
萝卜	350	南瓜	400
番茄	50	丝瓜	300
辣椒	200	甜瓜	200
甜椒	200	冬瓜	250
茄子	200	瓠瓜	1000
洋葱	130	豇豆	1000
细香葱	80	豌豆	1000
韭菜	150	菜豆	1000
菠菜	300	蚕豆	1100
茼蒿	50		

浙江省地方标准瓜菜作物种子 DB 33/406-2003

作物名称	种子类型	品种纯度不低于	净度不低于	发芽率不低于	水分不高于
细香葱	原种	99.0	97.0	70	11.0
细香葱	大田用种	97.0	97.0	70	11.0
叶用芥菜	原种	99.0	96.0	85	7.0
叶用芥菜	大田用种	96.0	96.0	85	7.0
茎用芹菜	原种	99.0	96.0	75	7.0
茎用芹菜	大田用种	95.0	96.0	75	7.0
茼蒿	原种	99.0	95.0	70	7.0
茼蒿	大田用种	96.0	95.0	70	7.0
瓠瓜	原种	99.0	97.0	85	9.0
瓠瓜	大田用种	96.0	97.0	85	9.0
丝瓜	原种	99.0	99.0	85	9.0
丝瓜	大田用种	96.0	99.0	85	9.0
菜豆	原种	99.0	98.0	80	12.0
菜豆	大田用种	96.0	98.0	80	12.0
萝卜	原种	98.0	97.0	85	8.0
萝卜	大田用种（常规种）	95.0	97.0	85	8.0
萝卜	大田用种（杂交种）	98.0	97.0	85	8.0
豇豆	原种	99.0	98.0	80	12.0
豇豆	大田用种	96.0	98.0	80	12.0

主要参考文献

[1] 中国农业百科全书编辑部编.中国农业百科全书（蔬菜卷）.北京：农业出版社，1990.

[2] 浙江农业大学主编.蔬菜栽培学各论（南方本）.北京：农业出版社，1991.

[3] 中国农科院蔬菜花卉研究所主编.中国蔬菜栽培学.北京：农业出版社，1990.

[4] 陶国华，徐家炳编著.蔬菜现代采种技术.上海：上海科学技术出版社，1993.

[5] 汪炳良，董伟敏编著.蔬菜采种和育苗技术.上海：上海科学技术出版社，1995.

[6] 曹雯梅，刘松涛主编.作物种子生产.北京：中国农业出版社，2010.

[7] 叶自新编著.蔬菜种植新技术.杭州：杭州出版社，2010.

[8] 张雅主编.茄果类蔬菜栽培技术.杭州：杭州出版社，2013.

[9] 景士西.园艺植物育种学总论，第二版.北京：中国农业出版社，2007.

[10] 吕书文，张纬春，王丽萍主编.茄果类蔬菜育种与种子生产.北京：化学工业出版社，2013.

[11] 赵统敏，徐文贵，张超.番茄杂交制种技术.北京：中国农业出版社，2004.

[12] 邹学校.辣椒遗体育种学.北京：科学出版社，2009.

[13] 顾元龙，郁繁敏.优质蔬菜栽培手册.上海：上海科学技术出版社，2000.

[14] 郁繁敏.上海主要蔬菜良种.上海：上海科学技术出版社，2005.

图书在版编目（CIP）数据

蔬菜种子与采种新技术 / 叶自新，张雅主编 . — 杭州：杭州出版社，2017.2（2023.6重印）
（农业生产科技丛书）
ISBN 978-7-5565-0008-6

Ⅰ. ①蔬… Ⅱ. ①叶… ②张… Ⅲ. ①蔬菜－作物育种 ②蔬菜－采种 Ⅳ. ① S630.38

中国版本图书馆CIP数据核字（2017）第 001355 号

蔬菜种子与采种新技术

叶自新　张 雅 / 主编

责任编辑 郑宇强
封面设计 王立超
出版发行 杭州出版社（杭州市西湖文化广场 32 号 6 楼）
电话：0571-87997719 邮编：310014
排　版 杭州天方形尚广告有限公司
印　刷 永清县晔盛亚胶印有限公司
经　销 新华书店
开　本 880 毫米 ×1230 毫米　1/32
印　张 6
字　数 170 千
版 印 次 2017 年 2 月第 1 版　2023 年 6 月第 6 次印刷
标准书号 ISBN 978-7-5565-0008-6
定　价 18.00 元